"十二五"江苏省高等学校重点教材

编号：2014-2-027

CSS+DIV 页面布局技术

主　编　朱翠苗

中国水利水电出版社

www.waterpub.com.cn

内 容 提 要

本书为"'十二五'江苏省高等学校重点教材",文件编号为:2014-2-027。

CSS+DIV 页面布局技术是目前流行的网页制作核心技术。

本书由浅入深、循序渐进,通过典型的项目载体,采取工作过程项目化的模式,系统地介绍和训练了超文本标记语言 HTML 的基本标签、表单应用、表格应用和布局、CSS 层叠样式表、CSS+DIV 实现典型页面局部布局,重点讲述了 CSS+DIV 实现页面布局的技术和方法,为了便于读者全面掌握 CSS+DIV 技术和规范,深刻体会网页设计的乐趣,最后给出一个综合性的实战项目"CSS+DIV 页面布局实例",全面巩固所学的技术和方法。

本书适合作为高职高专软件技术、计算机网络技术、计算机应用技术、电子商务类以及相关专业教材,也可以作为网页设计技术培训教程,还可以作为 Web 网站开发人员、网页设计师等的参考书。

图书在版编目(C I P)数据

CSS+DIV页面布局技术 / 朱翠苗主编. -- 北京 : 中国水利水电出版社,2015.6(2018.2 重印)
"十二五"江苏省高等学校重点教材
ISBN 978-7-5170-3251-9

Ⅰ. ①C… Ⅱ. ①朱… Ⅲ. ①网页制作工具-高等学校-教材 Ⅳ. ①TP393.092

中国版本图书馆CIP数据核字(2015)第128840号

策划编辑:石永峰   责任编辑:陈 洁   封面设计:李 佳

书 名	"十二五"江苏省高等学校重点教材 CSS+DIV 页面布局技术
作 者	主 编 朱翠苗
出版发行	中国水利水电出版社 (北京市海淀区玉渊潭南路 1 号 D 座 100038) 网址:www.waterpub.com.cn E-mail:mchannel@263.net(万水) sales@waterpub.com.cn 电话:(010)68367658(营销中心)、82562819(万水)
经 售	全国各地新华书店和相关出版物销售网点
排 版	北京万水电子信息有限公司
印 刷	三河市铭浩彩色印装有限公司
规 格	184mm×260mm 16 开本 10.5 印张 257 千字
版 次	2015 年 6 月第 1 版 2018 年 2 月第 3 次印刷
印 数	4001—6000 册
定 价	24.00 元

凡购买我社图书,如有缺页、倒页、脱页的,本社营销中心负责调换

前　言

CSS+DIV 页面布局技术目前已成为页面设计核心技术，采用 CSS+DIV 布局技术具有缩减页面代码、提高页面的浏览速度和稳定性、页面设计结构清晰、易被搜索引擎搜索等优势。但很多读者反映 CSS 类的图书偏重基础理论介绍，案例简单，学习之后很难在实际工作中应用。近年来，CSS+DIV 页面布局技术类课程在高职院校和本科院校普遍开设，但是此类教材却寥寥无几，尤其是高职高专教材几乎空白，很难满足教学需要，鉴于这种情况，教材编写小组决定编写该教材，力图帮助读者在 CSS 学习中快速进入实战状态，给专业教师一手参考资料，帮助读者提高页面设计技能。

本书得到苏州吉耐特信息科技有限公司、太仓智博软件科技有限公司大力支持，是一本校企合作教材，从实际案例入手，重点讲解典型的布局技术和方法，让读者在学习 CSS+DIV 应用技术的同时掌握其精髓。各案例与实例按照由浅入深、由易到难的顺序编排，即使是初学者也可以轻松掌握 CSS+DIV 技术的布局方式，制作出精美实用的网页作品。

全书共分 6 个单元，单元一主要介绍静态网页的开发环境、网页制作和设计中的基本概念、网页类型、网页基本构成元素，重点介绍了行级标签和块级标签的使用。单元二主要介绍表单的基本语法，各种表单元素的使用。单元三主要介绍表格的基本用法，其中包括跨行跨列的表格、使用表格实现图文布局，同时还介绍了框架的使用。单元四主要介绍了用 CSS 设置文字、背景等样式属性，同时重点介绍了盒子模型，以及浮动和清除属性等。单元五介绍 CSS+DIV 实现典型页面局部布局，并详细介绍了典型布局的例子。单元六介绍了一个用 CSS+DIV 页面布局技术布局网页的综合实战，介绍了商城网站的布局方法，通过综合实战训练学生技能，进一步提高学生应用实践能力，体现了"做中学、学中产"的实训教学思想。

本书采取"工程过程项目化"的编写模式进行编写，将团队多年教学经验完全融入到教材中，采用"引入项目场景提出工作问题，通过实例项目训练，解决工作问题并掌握相应的技术和方法，然后回到工作场景完成场景项目"的内容组织形式，实现了示例和项目相结合，尤其最后一单元通过一个综合的、商业化强的网站进行实战训练，提高了本书"工学结合、项目实战"特色，本书的编写得到了企业工程师深度参与和技术支持，内容更加标准、规范。

本书主要定位高职高专 CSS+DIV 布局技术类课程教学使用，也可以作为应用型本科和职业中专的参考教材，还可以作为工程技术人员的参考用书。

本书由朱翠苗、郑广成、沈蕴梅、金静梅、庾佳、孙伟、孔小兵（企业）、袁顺利（企业）等编写，朱翠苗负责统稿并担任主编，根据典型项目设计内容载体，项目开发流程组织教材内容，教材具有实战性、可操作性、新颖性、通俗性和项目过程化的特点，更加激发学生学习兴趣和主动性。

由于时间仓促，再加上编者水平有限，书中难免有错误和疏漏之处，敬请广大读者批评指正。

编　者
2015 年 4 月

目　　录

前言
单元一　HTML 的基本标签 ·········· 1
1.1　工作场景导入 ················ 1
1.2　技术与知识准备 ·············· 2
  1.2.1　HTML 文件的基本结构 ········ 2
  1.2.2　编辑工具 ··············· 4
  1.2.3　网页的摘要信息 ··········· 7
  1.2.4　块级标签 ·············· 10
  1.2.5　行级标签 ·············· 19
  1.2.6　注释和特殊符号 ·········· 25
  1.2.7　W3C 标准 ·············· 26
1.3　工作场景训练 ·············· 29
  1.3.1　实现工作场景 1 的任务 ····· 29
  1.3.2　实现工作场景 2 的任务 ····· 30
  1.3.3　实现工作场景 3 的任务 ····· 31
1.4　重点问题分析 ·············· 32
1.5　小结 ··················· 33
单元二　表单应用 ·············· 34
2.1　工作场景导入 ·············· 34
2.2　技术与知识准备 ············· 35
  2.2.1　表单的基本语法 ·········· 35
  2.2.2　表单元素的介绍 ·········· 36
2.3　工作场景训练 ·············· 41
2.4　重点问题分析 ·············· 42
2.5　小结 ··················· 42
单元三　表格应用和布局 ·········· 43
3.1　工作场景导入 ·············· 43
3.2　技术与知识准备 ············· 44
  3.2.1　表格基础 ·············· 44
  3.2.2　跨行和跨列的表格 ········· 46
  3.2.3　表格的高级用法 ·········· 50
  3.2.4　表格的其他用法 ·········· 56
  3.2.5　框架技术 ·············· 58

3.3　工作场景训练 ·············· 63
  3.3.1　实现工作场景 1 的任务 ····· 63
  3.3.2　实现工作场景 2 的任务 ····· 64
  3.3.3　实现工作场景 3 的任务 ····· 66
3.4　重点问题分析 ·············· 68
3.5　小结 ··················· 69
单元四　CSS 样式表 ············ 70
4.1　工作场景导入 ·············· 70
4.2　技术与知识准备 ············· 71
  4.2.1　CSS 基础 ·············· 71
  4.2.2　常用的样式修饰 ·········· 77
  4.2.3　盒子模型 ·············· 90
4.3　工作场景训练 ·············· 111
  4.3.1　实现工作场景 1 的任务 ···· 111
  4.3.2　实现工作场景 2 的任务 ···· 112
  4.3.3　实现工作场景 3 的任务 ···· 113
4.4　重点问题分析 ············· 116
4.5　小结 ·················· 116
单元五　CSS+DIV 实现典型页面局部布局 ·· 117
5.1　工作场景导入 ············· 117
5.2　技术与知识准备 ············ 118
  5.2.1　div-ul-li 实现横向导航菜单 ·· 118
  5.2.2　div-dl-dt-dd 实现图文混排 ·· 122
5.3　工作场景训练 ············· 128
  5.3.1　实现工作场景 1 的任务 ···· 128
  5.3.2　实现工作场景 2 的任务 ···· 130
5.4　重点问题分析 ············· 132
5.5　小结 ·················· 133
单元六　CSS+DIV 页面布局实例 ······ 134
6.1　分块制作商城网站首页 ······· 134
  6.1.1　利用 Dreamweaver 搭建站点 ··· 134
  6.1.2　制作商城网站首页的总体布局 ··· 137

6.1.3 实现顶部布局 ················· 140

6.1.4 实现左部商品分类 ·········· 143

6.1.5 实现中部主题布局 ·········· 145

6.1.6 实现右部布局 ················· 147

6.1.7 实现底部信息 ················· 149

6.2 制作商城分支页——注册页面 ······ 150

6.3 制作商城分支页——登录页面 ······ 154

6.4 制作商城分支页——商品具体介绍页面·156

6.5 建立页面之间的链接和进行兼容测试····· 158

6.5.1 建立页面间的链接 ·········· 158

6.5.2 网页的兼容性测试 ·········· 158

参考文献 ················· 160

单元一　HTML 的基本标签

在当今社会中，Web 页成为网络信息共享和发布的主要形式，而 HTML（Hyper Text Markup Language，超文本标记语言或叫超文本标签语言）是用来描述网页的一种语言，是创建 Web 页的基础。HTML 不是一种编程语言，而是一种标记语言（Markup Language），标记语言是一套标记标签，HTML 使用标记标签来描述网页。HTML 标记标签通常被称为 HTML 标签，本单元将介绍 HTML 的基本结构、组成 HTML 文档的各类常用标签以及相关标准。本单元的重点是各类标签的基本语法，学习 HTML 最好的方式就是边学边做实验，多练习是记住这些标签及其语法的最好方法。

单元要点

- 静态网页的开发环境
- 行级标签和块级标签的使用

技能目标

- 能使用 Dreamweaver 编写 HTML 代码
- 能使用各种基本标签建立简单网页

1.1　工作场景导入

【工作场景 1】

实现李清照的如梦令和作者简介的网页效果，如工作场景图 1 所示。

【工作场景 2】

实现"产品信息"的网页效果，如工作场景图 2 所示。

【工作场景 3】

实现"促销信息"的网页效果，如工作场景图 3 所示。

工作场景图 1　李清照宋词赏析

工作场景图 2　商品信息

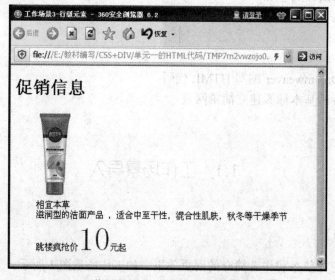

工作场景图 3　相宜本草促销信息

1.2　技术与知识准备

1.2.1　HTML 文件的基本结构

要深入学习 HTML，首先我们来了解一下什么是 HTML 以及 HTML 和浏览器的关系。

1．HTML 及其特点

HTML 被称为超文本标签语言，它包括很多标签，例如\<p\>段落标签、\<h1\>一级标题标签，告诉浏览器如何显示页面，它是网页制作的"核心语言"，是目前网络上应用最为广泛的语言，也是构成网页文档的主要语言。HTML 文档是由 HTML 标签和纯文本组成，HTML 标签可以说明段落、图形、表格、链接等，HTML 文档也被称为网页。它具备以下特点：

（1）简易性：HTML 版本升级采用超集方式，从而更加灵活方便，并且各类 HTML 标签简单易学，方便网站制作者学习开发。

（2）可扩展性：HTML 语言的广泛应用带来了加强功能、增加标识符等要求，HTML 采取子类元素的方式，为系统扩展提供保证。

（3）平台无关性：这是 HTML 语言的最大优点，也是当今 Internet 盛行的原因之一。虽然 PC 机大行其道，但使用 MAC 等其他机器的大有人在，HTML 可以使用在广泛的平台上，它包括"硬件"平台无关性和"软件"平台无关性，不管你的计算机是普通的个人电脑，还是用于专业的苹果机，不管你的操作系统是常见的 Windows 还是高端 UNIX 或 Linux（一般用于服务器），HTML 文档都可以得到广泛的应用和传输。

2．HTML 和浏览器的关系

有了 HTML 源代码，还需要一个"解释和执行"的工具，而浏览器就是用来解释并执行显示 HTML "源码"的工具，随着市场的竞争，目前市场上的浏览器很多，主要有微软公司的 IE（Internet Explorer），网民大多数人都在使用IE，这要感谢它对 Web 站点强大的兼容性。谷歌浏览器Chrome是由 Google 公司开发的网页浏览器，浏览速度在众多浏览器中走在前列，属于高端浏览器，谷歌浏览器在 2012 年 8 月份市场份额正式超过IE 浏览器，跃居第一。Mozilla Firefox（火狐浏览器）现在是市场占有率第三的浏览器，仅次于微软的 Internet Explorer 和 Google 的 Chrome，搜狗浏览器是首款给网络加速的浏览器，本书使用 IE 8.0 和 360 安全浏览器进行介绍，关于浏览器的其他介绍学员可以上网获取更多资料。

图 1.1　常用浏览器图标

浏览器兼容性问题又被称为网页兼容性或网站兼容性问题，指网页在各种浏览器上的显示效果可能不一致而产生浏览器和网页间的兼容问题。在网站的设计和制作中，做好浏览器兼容，才能够让网站在不同的浏览器下都正常显示。而对于浏览器软件的开发和设计，浏览器对标准的更好兼容能够给用户更好的使用体验。规范化书写 HTML 可以解决浏览器兼容的问题，也可以避免给后台制作带来不必要的麻烦，随着课程的深入我们再予以介绍。

如果希望查看某个页面的"源代码"，我们可以通过点击浏览器（例如 IE）的菜单"查看"→"源文件"选项或右击，在弹出的菜单中选择"查看源文件"命令。下面将介绍 HTML 文档的基本结构。

3．HTML 的基本结构

HTML 文件的结构包括头部（head）、主体（body）两大部分，其中头部描述浏览器所需的信息，而主体则包含所要说明的具体内容，如图 1.2 所示，整个 HTML 包括头部<head>和主体<body>两部分。头部包括网页标题（title）等基本信息，主体包括网页的内容信息（如所要呈现的图片、文字等）。注意大部分标签都以"<>"开始，以"</>"结束，要求成对出现，并且标签之间要有缩进，体现层次感，以便阅读和修改。

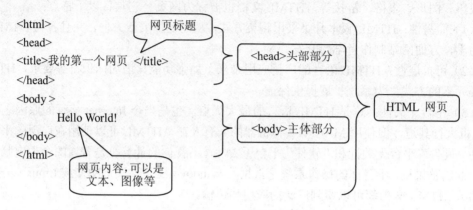

图 1.2　HTML 的基本结构

1.2.2　编辑工具

了解了 HTML 文档的基本结构以后，下面介绍常用的 HTML 代码编辑工具。

1．记事本

记事本是 Windows 自带安装的编辑附件，使用简单方便，实际项目开发中常用于代码较少的编辑或维护。使用记事本编辑 HTML 文档的步骤如下：

（1）在 Windows 中打开记事本程序：开始→所有程序→附件→记事本。

（2）在记事本中输入 HTML 代码，如图 1.3 所示。

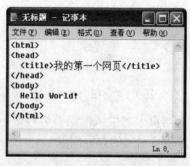

图 1.3　在记事本里编辑 HTML 网页

（3）单击菜单"文件"→"保存"命令，弹出"另存为"对话框，如图 1.4 所示，将上述文档保存为*.html 的 html 文档，如 my-firstpage.html。需要注意，因记事本默认保存文档后缀名为"*.txt"，所以需要用英文的双引号（""）将文件名括起来。既可以使用.htm 也可以使用.html 扩展名。两者没有区别，完全根据自己的喜好。

（4）双击保存的 html 文档，Windows 将自动调动浏览器软件（如 IE）打开 html 文档，如图 1.5 所示，也可以先启动浏览器，然后选择"文件"→"打开文件"命令。

图 1.4 "另存为"对话框

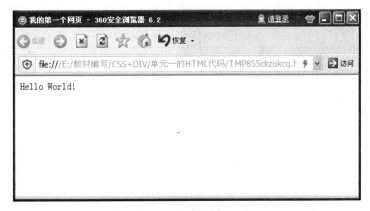

图 1.5 我的第一个网页

2. Dreamweaver

可以使用专业的 HTML 编辑器来编辑，如 Adobe Dreamweaver、Microsoft Expression Web、CoffeeCup HTML Editor。Dreamweaver 是由 Macromedia 公司开发的一款所见即所得的网页编辑器，与二维动画设计软件 Flash，专业网页图像设计软件 Fireworks，并称为"网页三剑客"。它有"所见即所得"的网页编辑器的优点，即直观、使用方便、容易上手，本书所有单元都将采用 Dreamweaver 作为 HTML 文档的编辑工具，启动方法为：单击桌面左下角"开始"→"程序"→"Macromedia"→"Macromedia Dreamweaver CS5"选中后单击就可以打开 Dreamweaver 了，或者下载绿色版，绿化后直接双击 Dreamweaver.exe 运行。

对于上述第一个网页在 Dreamweaver 中的编辑如下：选择"文件"→"新建"命令，单击"常规"选项卡，如图 1.6 所示，单击"创建"按钮，弹出如图 1.7 所示的窗口，一般情况选用拆分视图的编辑环境，编辑好且保存之后如图 1.8 所示，然后根据图 1.9 选择一种浏览器进行浏览，浏览效果如图 1.10 所示。

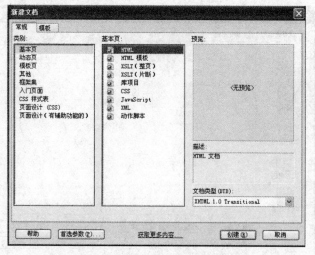

图 1.6　"常规"选项卡

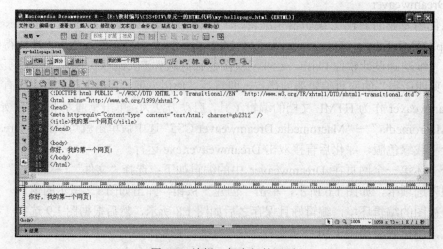

图 1.7　未编辑、保存的默认网页

图 1.8　编辑、保存好的网页

图 1.9　浏览器的选择

图 1.10　浏览器中的显示效果

3．其他编辑器

除了记事本，Notepad（PC）或 TextEdit（Mac）也是文本编辑器。Notepad是在微软视窗下的一个纯文本编辑器。TextEdit（Mac）是苹果电脑 Mac OS X 操作系统自带的 TextEdit（文本编辑器）。

1.2.3　网页的摘要信息

网页一般包含大量文字及图片等信息内容，和报纸一样，它需要一个简短的摘要信息，方便用户浏览和查找。如果希望自己的网页能被百度、Google 等搜索引擎搜索，或提高在搜索结果中的排名，那么在制作网页时更需要注意编写网页的摘要信息。网页的摘要信息一般放在 HTML 文档的头部（head）区域内容，主要通过如下两个标签进行描述。

1．<title>标签

使用该标签描述网页的标题，类似一篇文章的标题，一般为一个简洁的主题，并能吸引读者有兴趣读下去。例如，搜狐网站的主页，对应的网页标题为：<title>搜狐-中国最大的门户网站</title>，打开网页后，将在浏览器窗口的标题栏显示网页标题。

2. <meta/>标签

<meta/>标签是 head 区的一个辅助性标签，是一个空标签，没有相应的结束标签，规范写法用<meta/>，表示开始和结束，其中"/"代表结束。该标签不包含任何内容，也就是指<meta/>标签描述的内容并不显示，其目的是方便浏览器解析或利于搜索引擎搜索，使用该标签描述网页的具体摘要信息，包括文档内容类型、字符编码信息、搜索关键字、网站提供的功能和服务的详细描述等。<meta/>标签的属性定义了与文档相关联的名称/值对。

（1）文档内容类型，字符编码信息。

对应的 HTML 代码如下：

```
<mata http-equiv="Content-type" content="text/html;charest= gb2312"/>
```

其中属性"http-equiv"提供"名称/值"中的名称，"content"提供"名称/值"中的值，所以上述 HTML 代码的含义如下：名称 Content-Type（文档内容类型），值 text/htm；charest=gb2312（文本类型的 HTML 类型，字符编码为简体中文）中 charest 表示字符编码，常用字符编码有如下 4 种：

- gb2312：简体中文，一般用于包含中文和英文的页面。
- ISO-885901：纯英文一般用于只包含英文的页面。
- big5：繁体，一般用于带有繁体字的页面。
- utf-8：国际通用字符编码，同样适用于中文和英文的页面。与 gb2312 编码相比，utf-8 的国际通用性更好，但字符编码的压缩比较低，对网页性能有一定的影响。需要注意，不正确的编码设置将带来网页乱码。

（2）搜索关键字和描述信息。

对应的 HTML 代码如下：

```
<meta name="keywords" content="IT 培训"/>
<meta name="description" content="国内最大的 IT 教育集团，致力于为中国培养优秀的 IT 技术人才"/>
```

实现的方式仍然为"名称/值"对的形式，其中 keywords 表示搜索关键字，desoription 表示网站内容的具体描述。通过提供搜索关键字和内容描述信息，方便搜索引擎的搜索。

meta 标签共有两个属性，它们分别是 name 属性和 http-equiv 属性，不同的属性有不同的参数值，这些不同的参数值就实现了不同的网页功能。

（1）name 属性。

name 属性主要用于描述网页，与之对应的属性值为 content，content 中的内容主要是便于搜索引擎机器人查找信息和分类信息用的。

meta 标签的 name 属性语法格式如下：

```
<meta name="参数" content="具体的参数值">
```

其中 name 属性主要有以下几种参数：

1）keywords（关键字）。

说明：keywords 用来告诉搜索引擎你网页的关键字是什么。

举例：<meta name="keywords" content="政治,经济,科技,文化,卫生,情感,心灵,娱乐,生活,社会,企业,交通">，按照搜索引擎的工作原理，搜索引擎首先派出机器人自动检索页面中的keywords，设置好这些关键字后，搜索引擎将会自动把这些关键字添加到数据库中，并根据这些关键字的密度来进行合适的排序。因此，我们必须设置好关键字，来提高页面的搜索点击率。

2）description（网站内容描述）。

说明：description 用来告诉搜索引擎网站的主要内容。网站内容描述（description）的设计要点：

①网页描述为自然语言而不是罗列关键词（与 keywords 设计正好相反）。

②尽可能准确地描述网页的核心内容。

3）robots（机器人向导）。

说明：robots 用来告诉搜索机器人哪些页面需要索引，哪些页面不需要索引。content 的参数有 all，none，index，noindex，follow，nofollow，默认是 all。

举例：<meta name="robots" content="none">。

4）author（作者）。

说明：标注网页的作者。

举例：<meta name="author" content="zys666,zys666@21cn.com">

（2）http-equiv 属性。

http-equiv 顾名思义，相当于 http 的文件头作用，它可以向浏览器传回一些有用的信息，以帮助正确和精确地显示网页内容，与之对应的属性值为 content，content 中的内容其实就是各个参数的变量值。

meta 标签的 http-equiv 属性语法格式如下：

<meta http-equiv="参数" content="参数变量值">

其中 http-equiv 属性主要有以下几种参数：

1）Expires（期限）。

说明：可以用于设定网页的到期时间。一旦网页过期，必须到服务器上重新传输。

用法：<meta http-equiv="expires" content="Fri,12 Jan 2001 18:18:18 GMT">。

注意：必须使用 GMT 的时间格式。

2）Pragma（cache 模式）。

说明：禁止浏览器从本地计算机的缓存中访问页面内容。

用法：<meta http-equiv="Pragma" content="no-cache">。

注意：这样设定，访问者将无法脱机浏览。

3）Refresh（刷新）。

说明：自动刷新并指向新页面。

用法：<meta http-equiv="Refresh" content="2;URL=http://www.root.net">（注意后面的引号，分别在秒数的前面和网址的后面）。

注意：其中的 2 是指停留 2 秒钟后自动刷新到 URL 网址。

4）Set-Cookie（cookie 设定）。

说明：如果网页过期，那么存盘的 cookie 将被删除。

用法：<meta http-equiv="Set-Cookie" content="cookievalue=xxx; expires=Friday,12-Jan-2001 18:18:18 GMT; path=/">。

注意：必须使用 GMT 的时间格式。

5）Window-target（显示窗口的设定）。

说明：强制页面在当前窗口以独立页面显示。

用法：<meta http-equiv="Window-target" content="_top">。

注意：用来防止别人在框架里调用自己的页面。

6）Content-Type（显示字符集的设定）。

说明：设定页面使用的字符集。

用法：<meta http-equiv="Content-Type" content="text/html; charset=gb2312">

7）Content-Language（显示语言的设定）。

用法：<meta http-equiv="Content-Language" content="zh-cn" />

在团队开发中，需要注意养成良好的习惯。书写顺序应该成对书写，从外层写到内层，结构清晰，利于阅读和调试排错。例如编写：

```
<html>
  <head>
    <title>标题</title>
  </head>
</html>
```

推荐书写顺序如下：

①<html></html>

②写入 head 再排版缩进（默认缩进为 2 个空格或 4 个空格，各个团队的具体规定不一样）。

```
<html>
  <head></head>
</html>
```

③title 先写标签，再写里面的内容：

```
<html>
  <head>
    <title></title>
  </head>
</html>
```

④同理再编写<body>中的其他标签。

1.2.4　块级标签

介绍了头部（head）的常用标签后，下面再介绍主体（body）内常用的各类标签，如图1.11 所示，从页面布局和显示外观的角度看，一个页面的布局就类似一篇报纸的排版，需要分为多个区块，大的区块再细分为小区块。块内为多行逐一排列的文字、图片、超链接等内容，这些区块一般称为块级元素，而区块内的文字、图片或超链接等一般称为行级元素，页面这种布局结构，其本质上是由各种 HTML 标签组织完成的，因此本文将 HTML 标签分为相应的块级标签和行级标签（有的教材也称为块级元素和行级元素），以方便理解后续单元讲解的页面布局。

顾名思义，块级标签显示的外观按"块"显示，具有一定的高度和宽度，例如<div>块标签、<p>段标签等，行级元素显示的外观按"行"显示，类似文本的显示，例如<img>图片标签、<a>超链接标签等。和行级标签相比，块级标签具有如下特点：

（1）前后断行显示，如图 1.11 所示。块级标签比较"霸道"，默认状态占据一整行。

（2）具有一定的宽度和高度，可以通过设置块级标签 width、height 属性来控制。

　　块级标签常用于作容器，即可再容纳其他块级标签和行级标签，而行级标签一般用于组织内容，即只能用于"容纳"文字、图片或其他行级标签。

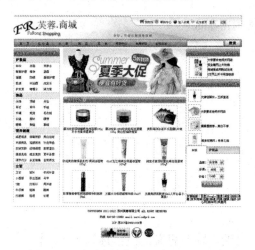

图 1.11　页面中的块级元素和行级元素

从页面布局的角度，块级标签又可细分为基本的块级标签和常用于页面布局的块级标签。

1.2.4.1　基本的块级标签

基本的块级标签包括标题标签、段落标签及水平线标签。

1.　标题标签<h1>~<h6>

　　在 HTML 文档中，标题很重要，是通过 <h1>~<h6> 等标签进行定义的。<h1> 定义最大的标题，<h6>定义最小的标题，浏览器会自动地在标题的前后添加空行，默认情况下，HTML 会自动地在块级元素前后添加一个额外的空行，比如段落、标题元素前后。因为用户可以通过标题来快速浏览您的网页，所以用标题来呈现文档结构是很重要的。应该将 h1 用作主标题（最重要的），其后是 h2（次重要的），再其次是 h3，以此类推。例如，一级标题采用<h1>，如还有二级标题采用<h2>，HTML 共提供了六级标题，并赋予了标题一定的外观：所有标题字体加粗。<h1>字号最大，<h6>字号最小。这 6 个标题标签都有对应的结束标签，通过结束标签来关闭。HTML 清楚地标记某个元素在何处开始，并在何处结束，不论对您还是对浏览器来说，都会使代码更容易理解。例如，如图 1.12 所示，其所对应的 HTML 代码如示例 1.1 所示，代码在浏览器中的效果就是图 1.12 的效果。

图 1.12　不同级别的标题输出的结果

示例 1.1

```
<html>
<head>
<title>不同等级标题的标签对比</title>
</head>
<body>
    <h1>一级标题</h1>
    <h2>二级标题</h2>
    <h3>三级标题</h3>
    <h4>四级标题</h4>
    <h5>五级标题</h5>
    <h6>六级标题</h6>
</body>
</html>
```

2. 段落标签<p>

段落是通过<p>标签定义的。顾名思义，段落标签表示一段文字的内容，如图 1.13 所示，其所对应的 HTML 代码如示例 1.2 所示，应用了标题和段落标签。实际上，一个段落中可以包含多行文字，文字内容将随浏览器窗口的大小自动换行，从图 1.13 可以看出，黑色加粗的字是标题，标题下面是段落，它们都属于块级标签，隔行显示。

图 1.13　段落标签的应用

示例 1.2

```
<html>
<head>
<title>优美段落</title>
</head>
<body>
    <h1>阳光，不只来自太阳，也来自我们的心</h1>
    <p>      阳光，不只来自太阳，也来自我们的心。心里有阳光，能看到世界美好的一面；心里有阳光，
              能与有缘的人心心相映；心里有阳光，即使在有遗憾的日子，也会保留温暖与热情；心里有
              阳光，才能提升生命品质。自信、宽容、给予、爱、感恩吧，让心里的阳光，照亮生活中的
```

```
    点点滴滴，阳光的心，造就阳光的命运。
</p>
<h1>静静的心里，都有一道最美丽的风景</h1>
<p>    静静的心里，都有一道最美丽的风景。尽管世事繁杂，心依然，情怀依然；尽管颠簸流离，
    脚步依然，追求依然；尽管岁月沧桑，世界依然，生命依然。守住最美风景，成为一种风度，
    宁静而致远；守住最美风景，成为一种境界，悠然而豁达；守住最美风景，成为一种睿智，
    淡定而从容。
</p>
</body>
</html>
```

3．水平线标签<hr/>

<hr/>标签在 HTML 页面中创建水平线。顾名思义，水平线标签表示一条水平线，注意该标签比较特殊，没有结束标签，直接使用"<hr/>"表示标签的开始和结束。<hr/>可用于分隔内容，分隔文章中的小节。例如，为了让版面更加清晰直观，可以如图 1.14 那样加一条水平分隔线，对应的 HTML 代码如示例 1.3 所示。

图 1.14　水平线的应用

示例 1.3

```
<html>
<head>
<title>优美段落</title>
</head>
<body>
    <h1>阳光，不只来自太阳，也来自我们的心</h1>
    <p>阳光，不只来自太阳，也来自我们的心。……</p>
    <hr/>
    <h1>静静的心里，都有一道最美丽的风景</h1>
    <p>静静的心里，都有一道最美丽的风景。……</p>
</body>
</html>
```

1.2.4.2　常用于布局的块级标签

这类标签包括有序列表、无序列表、定义列表、表格、表单、分区标签（<div>），它们常用于布局网页，组织 HTML 的内容结构。

1. 有序列表标签<ol>

是一个项目的列表，列表项目使用数字进行标记。有序列表标签表示多个并列的列表项，它们之间有明显的先后顺序，有序列表始于 <ol> 标签，每个列表项始于 <li> 标签，也就是使用<ol>、</ol>表示有序列表，<li>、</li>表示各列表项。例如描述网页后台的几种语言，如图 1.15 所示，对应的 HTML 代码如示例 1.4 所示。

图 1.15　有序列表

示例 1.4

```
<html>
<head>
<title>有序列表</title>
</head>
<body>
<h3>网页后台的学习：</h3>
<ol>
    <li>ASP</li>
    <li>ASP.net</li>
    <li>PHP</li>
    <li>JSP</li>
</ol>
</body>
</html>
```

2. 无序列表标签<ul>

无序列表和有序列表类似，但多个并列的列表项之间没有先后顺序，项目使用粗体圆点（典型的小黑圆圈）进行标记。无序列表始于<ul>标签，每个列表项始于<li>。也就是使用<ul>、</ul>表示无序列表，<li>、</li>表示各列表项。例如描述某个网站的使用帮助，如图 1.16 所示，对应的 HTML 代码如示例 1.5 所示。

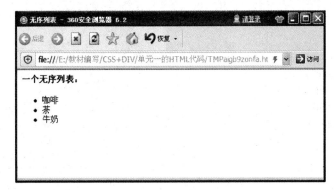

图 1.16　无序列表

示例 1.5

```
<html>
<head>
<title>无序列表</title>
</head>
<body>
<h4>一个无序列表：</h4>
<ul>
    <li>咖啡</li>
    <li>茶</li>
    <li>牛奶</li>
</ul>
</body>
</html>
```

有序列表和无序列表也可以互相嵌套，如示例 1.6 所示，注意嵌套后无序列表的符号选择可以使用 type 属性，效果如图 1.17 所示。

示例 1.6

```
<html>
<head>
<meta http-equiv="Content-Type" content="text/html; charset=gb2312" />
<title>无序列表的嵌套</title>
</head>
<body>
<h4>一个无序列表：</h4>
<ul>
  <li>
  咖啡
    <ul>
      <li>卡布其诺</li>
      <li>浓缩咖啡</li>
      <li>拿铁</li>
      <li>蓝山</li>
      <li>摩卡</li>
    </ul>
```

```
    </li>
    <li>
茶
      <ul type="square">
          <li>绿茶</li>
          <li>红茶</li>
          <li>乌龙茶</li>
      </ul>
    </li>
    <li>牛奶</li>
  </ul>
</body>
</html>
```

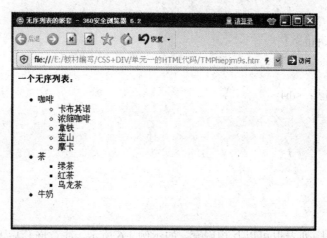

图 1.17　无序列表的嵌套

3．定义列表标签<dl>

顾名思义，自定义列表不仅仅是一列项目，而是项目及其注释的组合，用于描述某个术语或产品的定义或解释，例如计算机、Java 语言、MP4 电子产品的定义等。它使用<dl>、</dl>表示定义列表，<dt>、</dt>表示术语，<dd>、</dd>表示术语的具体描述。例如，对春节的描述如图 1.18 所示，对应的 HTML 代码如示例 1.7 所示。

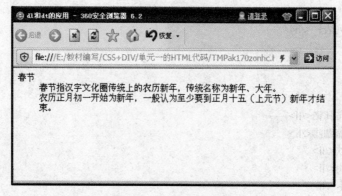

图 1.18　dl-dt-dd 的应用

示例 1.7

```
<html>
<head>
<title>dl 和 dt 的应用</title>
</head>
<body>
  <dl>
    <dt>春节</dt>
    <dd>春节指汉字文化圈传统上的农历新年，传统名称为新年、大年。</dd>
    <dd>农历正月初一开始为新年，一般认为至少要到正月十五（上元节）新年才结束。</dd>
  <dl>
</body>
</html>
```

在实际应用中，定义列表还被扩展应用到图文混编的场合，如图 1.19 所示。将图片作为术语标题<dt>，文字内容作为术语描述<dd>。这种局部布局结构将在后续章节进行详细讲解。

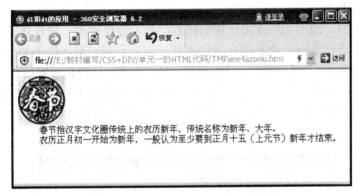

图 1.19 定义列表标签用于图文混编的场合

4. 表格标签<table>

顾名思义，表格标签用于描述一个表格，它使用规整的数据显示，如图 1.20 所示。它使用<table>、</table>表示表格，<tr>、</tr>表示行，<td>、</td>表示列。表格的用法将在单元三进行详细介绍。

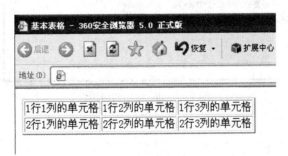

图 1.20 表格标签的应用

5. 表单标签<form>

表单标签用于描述需要用户输入的页面内容，例如图 1.21 注册页面，它使用<form>，

</form>表示表单，<input/>表示输入内容项。表单的具体用法将在单元 2 进行详细介绍。

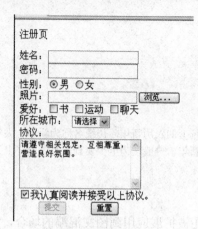

图 1.21　表单标签的应用

6. 分区标签<div>

前几类块级标签一般用于组织小区块的内容，为了方便管理，数目众多的小区块还需要放到一个大区块中进行布局。分区标签<div>常用于页面布局时对区块的划分，它相当于一个大的容器，可以容纳无序列表、有序列表、表格等块级标签，同时也可容纳普通的段落、标题、文字、图片等内容，如图 1.22 所示，对应的 HTML 代码如示例 1.8 所示。由于<div>标签不像<h1>等标签，没有明显的外观效果，所以特意添加"style"样式属性，设置<div>标签的宽、高尺寸以及背景色。样式方面的用法将在后续章节详细介绍。

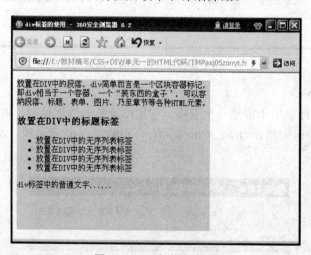

图 1.22　div 标签的应用

示例 1.8

```
<html>
<head>
<title>div 标签的使用</title>
</head>
<body>
```

```
        <div style="width:400px; height:300px; background:#9FF">
    <p>放置在 DIV 中的段落，div 简单而言是一个区块容器标记，即 div 相当于一个容器，一个"装东西的
盒子"，可以容纳段落、标题、表单、图片、乃至章节等各种 HTML 元素。
    </p>
        <h3>放置在 DIV 中的标题标签</h3>
        <ul>
        <li>放置在 DIV 中的无序列表标签</li>
        <li>放置在 DIV 中的无序列表标签</li>
        <li>放置在 DIV 中的无序列表标签</li>
        <li>放置在 DIV 中的无序列表标签</li>
        </ul>
        div 标签中的普通文字……
        </div>
    </body>
    </html>
```

到目前为止，我们学习了常用的各种块级标签。在实际开发中，常使用<div>进行分区，ul-li 或 ol-li 实现无序或有序的项目列表，dl-dt-dd 实现图文混编，table-tr-td 实现规整数据的显示。由此，在页面局部布局中，形成了如下四种常用的块状结构：

- div-ul(ol)-li：常用于分类导航或菜单等场合。
- div-dl-dt-dd：常用于图文混编等场合。
- table-tr-td：常用于规整数据的显示场合。
- form-table-tr-td：常用于表单布局的场合。

这四种块状结构非常实用，它们的具体应用还将在后续章节进行深入讲解和训练。

1.2.5 行级标签

行级标签也称行内标签。使用块级标签为页面"搭建完成组织结构"后，往每个小区块添加内容时，就需要用到行级标签。行级标签类似文本的显示，按"行"逐一显示。常用的行级标签包括图像标签<img/>，超链接标签<a>、范围标签<span>、换行标签
以及和表单相关的输入框标签<input/>、文本域标签<textarea>等，表单涉及的行级标签将在单元 2 详细介绍。

1.2.5.1 图像标签<img/>

在日常生活中，使用比较多的图像格式有四种，即 JPG、GIF、BMP、PNG。在网页中使用比较多的是 JPG、GIF 和 PNG，大多数浏览器都可以显示这些格式的图像。

图像标签是<img/>，要在页面上显示图像，需要使用源属性（src），src 指"source"。源属性的值是图像的 URL 地址。

定义图像的语法格式如下：

<img src="图片地址" alt="图像的替代文字" title="鼠标悬停提示文字"/>

其中图片地址指存储图像的位置，如果名为"boat.gif"的图像位于 www.w3school.com.cn 的 images 目录中，那么地址为 http://www.w3school.com.cn/images/boat.gif。

alt 属性指定的替代文本，表示图像无法显示（例如，图片路径错误或网速太慢等）时的替代显示文本。这样，即使图像无法显示，用户还是可以看到网页丢失的信息内容，如图 1.23 所示，所以在制作网页时一般推荐和"src"配合使用。如图片叫春节.jpg，如果写成春节 1.jpg，

<img src="images/春节 1.jpg" alt="一张春节的图片"/>就找不到图片，浏览时就会看到图 1.23 的情景。

其次，使用"title"属性，鼠标滑过时显示的文字提示，还可以提供额外的提示或帮助信息，方便用户使用，如图 1.24 所示。设计和制作网页时，需从方便客户的角度考虑问题，用户体验已越来越成为 Web 设计和开发需要考虑的重要因素，用户体验的原则之一就是以用户为中心，并体现在细微之处。例如，使用<img>便签时，强烈推荐同时使用"alt"和"title"属性，避免因网速太慢或路径错误带来的"一片空白"或"错误"提示；同时，增加的鼠标提示信息也方便用户的使用。

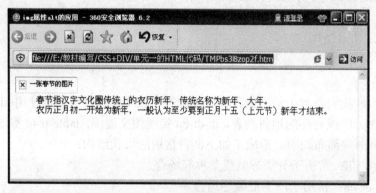

图 1.23   img 属性 alt 的应用

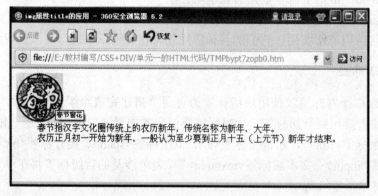

图 1.24   img 属性 title 的应用

示例 1.9

```
<html>
<head>
<title>img 属性 alt 和 title 的应用</title>
<body>
    <dl>
        <dt><img src="images/春节.jpg" alt="一张春节的图片" title="春节窗花"/></dt>
        <dd>春节指汉字文化圈传统上的农历新年，传统名称为新年、大年。</dd>
        <dd>农历正月初一开始为新年，一般认为至少要到正月十五（上元节）新年才结束。</dd>
    <dl>
</body>
</html>
```

1.2.5.2 范围标签<span>

范围标签<span>用于标识行内的某个范围，是被用来修饰文档中的行内元素。span 没有固定的格式表现。当对它应用样式时，它才会产生视觉上的变化。示例 1.10 实现行内每个部分的特殊设置以区分其他内容，如图 1.25 所示。span 标签加入到 HTML 中的主要目的是用于样式表，所以当样式表失效时它就没有任何作用了。

示例 1.10

```
<html>
<head>
<title>span 标签的应用</title>
<body>
  <dl>
     <dt><img src="images/春节.jpg" alt="一张春节的图片" title="春节窗花" /></dt>
<dd>春节指汉字文化圈传统上的农历新年，传统名称为
<span style="color:#FF0000;font-size:30px;" >新年、大年</span>。
</dd>
     <dd>农历正月初一开始为新年，一般认为至少要到正月十五（上元节）新年才结束。</dd>
  <dl>
</body>
</html>
```

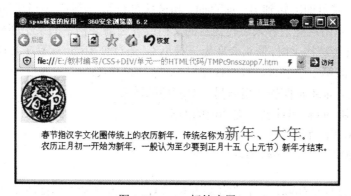

图 1.25　span 标签应用

1.2.5.3 换行标签

使用
换行，但是不间隔行，
标签只是简单地开始新的一行。当使用
标签时，其后面的所有内容都将在下一行出现，br 是 line break 的意思，如图 1.26 所示，对应的代码如示例 1.11 所示。

示例 1.11

```
<html>
<head>
<title>换行标签 br 的应用</title>
</head>
<body>
  <h1>阳光，不只来自太阳，也来自我们的心</h1>
  <p>阳光，不只来自太阳，也来自我们的心。<br/>心里有阳光，能看到到世界美好的一面；<br/>心里
有阳光，能与有缘的人心心相映；<br/>心里有阳光，即使在有遗憾的日子，也会保留温暖与热情；<br/>心里
```

有阳光，才能提升生命品质。
自信、宽容、给予、爱、感恩吧，让心里的阳光，照亮生活中的点点滴滴，阳光的心，造就阳光的命运。

```
    </p>
</body>
</html>
```

图 1.26 br 换行标签应用

1.2.5.4 超链接<a>标签

HTML 使用超级链接与网络上的另一个文档相连。几乎可以在所有的网页中找到链接。点击链接可以从一张页面跳转到另一张页面。超链接可以是一个字、一个词或一组词，也可以是一幅图像，可以点击这些内容来跳转到新的文档或者当前文档中的某个部分。当把鼠标指针移动到网页中的某个链接上时，箭头会变为一只小手。通过使用<a>标签在 HTML 中创建链接，a 是 anchor（锚）的第一个字母，有两种使用<a>标签的方式：

（1）通过使用 href 属性创建指向另一个文档的链接。

（2）通过使用 name 属性创建文档内的书签。

超链接的基本语法如下：

<a href="链接地址" >链接文本或图像</a>

属性说明如下：

href：表示链接地址的路径，它指定链接的目标，可以是某个网址或文件的路径，也可以是某个锚点名称。

链接文本或图像：单击该文本或图像，将跳转到 herf 属性指定的链接地址，对应为<a>标签中的文字或图片。如<a href="http://www.baidu.com/">百度首页</a>，上面代码显示为：百度首页，点击这个超链接会把用户带到搜索引擎百度的首页。

对于链接路径，当单击某个链接时，将指向万维网上的文档，万维网使用称为 URL（Uniform Resource Location，统一资源定位器）的方式来定义一个链接地址。例如，一个完整的链接地址的常见形式为 http://www.baidu.com。

URL 地址的统一格式为 scheme://host. domain: post//path/filename。对上面的格式解释如下：

scheme：表示各类通讯协议，例如，常用的是 http（超文本传输协议）、ftp（文件传输协议）。

domain：定义因特网域名，以方便访问，例如 baidu.com 等。

host：定义域中的主机名，如果被省略，http 协议默认的主机是 WWW。

post：定义主机的端口，一般默认为 80 端口，可以省略。

path：定义服务器上的路径，例如 reg 目录。

filename：定义文档的名称，例如 register.html。

HTML 初学者经常会遇到这样一个问题，如何正确引用一个文件。比如，怎样在一个 HTML 网页中引用另外一个 HTML 网页作为超链接（hyperlink）？我们有相对路径和绝对路径两种书写方式。

绝对路径：是以硬盘根目录或者站点根目录为参考点建立的路径，指向目标地址的完整描述，一般指向本站点外的文件，如<a href="http://www.baidu.com">百度</a>，这种写法就是指链接指向站点外。

相对路径：是以当前文件所在位置为参考点而建立的路径，相对于当前页面的路径，一般指向本站点内的文件，所以一般不需要一个完整的 URL 地址的形式，如<a href="login/login.html" >登录<a >链接，表示当前页面所在路径的"login"目录下的"login.html"页面，假定当前页面所在的目录为"c:\site"，则链接地址对应的页面为"c:/site/login/login.html"。相对路径经常用到下面两个特殊符号："../"和"../../"。"../"表示当前目录的上级目录，"../../"表示当前目录的上上级目录。

因此简单理解就是，绝对路径是从盘符开始的路径，形如 C:\windows\system32\cmd.exe 相对路径：是从当前路径开始的路径，假如当前路径为 C:\windows，要描述上述路径，只需输入 system32\cmd.exe。实际上，严格的相对路径写法应为.\system32\cmd.exe。其中，"."表示当前路径，在通道情况下可以省略。假如当前路径为 c:\program files，要调用上述命令，则需要输入..\windows\system32\cmd.exe。其中，".."为父目录。当前路径如果为 c:\program files\common files 则需要输入..\..\windows\system32\cmd.exe。实验证明：绝对路径不利于搜索引擎表现，相对路径在搜索引擎中表现良好。

超链接经常使用的语法如下：

<a href="链接地址" target="目标窗口位置">链接文本或图像</a>

属性 target 指定链接在哪个窗口打开，常用的取值有_serf（自身窗口）、_blank（新建窗口）等，见表 1.1，自己可以尝试不同取值的效果，这个属性在框架知识中有详细解释和使用。

表 1.1　target 属性的有效值

target 属性的值	属性含义描述
_blank	在新窗口中打开被链接文档
_self	默认。在原浏览器窗口或者相同的框架中打开被链接文档
_parent	在父框架集中打开被链接文档
_top	在顶级窗口中打开被链接文档
framename	在指定的框架中打开被链接文档

超链接的 3 种应用场合：页面间链接、锚链接和功能性链接。

1.　页面间链接：A 页到 B 页

示例 1.12

<html >

<head>

<title>链接到其他页面</title>

```
</head>
<body>
<a href="register/register.htm">[免费注册]</a>
<a href="login/login.htm">[登录]</a>
</body>
</html>
```

示例 1.12 的效果如图 1.27 所示。

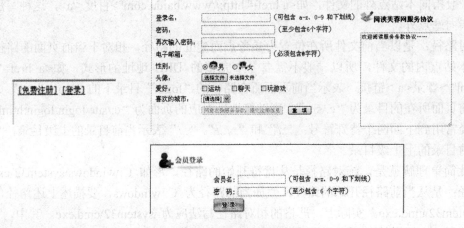

图 1.27   页面间超链接

2. 锚链接

A 页的甲位置到 A 页的乙位置，或者 A 页的甲位置到 B 页的乙位置。如果一个页面内容过多，导致页面过长，用户需要滚动滚动条来阅读相应内容时，可以使用锚点连接。实现 A 页的甲位置到 A 页（本页）的乙位置，首先在页面的乙位置标记（锚点），<a name="锚点名">目标位置乙</a>，它的功能类似古代固定船的锚，所以叫锚点，就像使用 name 属性在页面中创建一个书签，书签不会以任何特殊方式显示，它对读者是不可见的，当使用命名锚时，我们可以创建直接跳至该命名锚（比如页面中某个小节）的链接，这样使用者就无需不停地滚动页面来寻找它们需要的信息了，使用<a href="#锚名">提示文字</a>；如果实现 A 页的甲位置到 B 页的乙位置，还是要先在 B 页利用<a name="锚点名">目标位置乙</a>标记锚点，然后使用<a href="B 页的 URL#锚名">提示文字</a>，点击"提示文字"到 B 页相应位置。

3. 功能性链接

链接到电子邮箱、QQ、MSN 等，接下来以最常用的电子邮件链接为例，当单击"联系我们"时，打开用户的电子邮件程序，并自动填写"收件人"文本框中的电子邮件地址，如图 1.28 所示。完整的 HTML 代码如示例 1.13 所示。

示例 1.13

```
<html >
<head>
<title>功能性链接</title>
</head>
<body>
    <a href="register/register.htm">[免费注册]</a>
```

```
    <a href="login/login.htm">[登录]</a>
    <a href="mailto:lygzcm@126.com">联系我们</a>
</body>
</html>
```

在所有浏览器中，链接的默认外观是：

● 未被访问的链接带有下划线而且是蓝色的。

● 已被访问的链接带有下划线而且是紫色的。

● 活动链接带有下划线而且是红色的。具体介绍在单元 4。

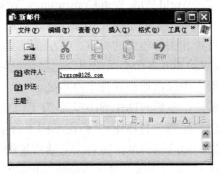

图 1.28　功能性连接

1.2.6　注释和特殊符号

1. HTML 注释

我们经常要在一些代码旁做一些 HTML 注释，这样做的好处很多，比如方便查找，方便比对，方便项目组里的其他程序员了解你的代码，而且可以方便以后你对自己代码的理解与修改等，当服务器遇到注释时会自动忽略注释内容。HTML 注释的开始使用<!--，结束使用-->，如

```
<!--到搜狗搜索引擎了解它的搜索功能-->
<a href="http://www.sogou.com"/>
搜狗首页
<!--链接结束-->
```

2. 特殊符号

在 HTML 中不能使用小于号（<）和大于号（>），这是因为浏览器会误认为它们是标签，如需显示小于号，我们必须这样写：<，如果您在文本中写 10 个空格，在显示该页面之前，浏览器会删除它们中的 9 个，如需在页面中增加空格的数量，您需要使用 。所以，如果要页面中显示这些特殊符号，就必须使用相应的 HTML 代码表示，这些特殊符号对应 HTML 代码被称为字符实体。一些常用的特殊符号及对应的字符实体如表 1-2 所示，这些实体字符都以"&"开头，以";"结束。

表 1-2　常用的特殊符号及对应的字符实体

特殊符号	字符实体	特殊符号	字符实体
空格		引号	&quot;
大于号	&gt;	版权符号	&copy;
小于号	&lt;		

1.2.7　W3C 标准

万维网（World Wide Web）是作为欧洲核子研究组织的一个项目发展起来的，在那里 Tim Berners-Lee 开发出万维网的雏形。Tim Berners-Lee是万维网的发明人和万维网联盟的主任。W3C 在 1994 年被创建的目的是为了完成麻省理工学院（MIT）与欧洲粒子物理研究所（CERN）之间的协同工作，并得到了美国国防部高级研究计划局（DARPA）和欧洲委员会（European Commission）的支持。

万维网联盟（World Wide Web Consortium，W3C），又称 W3C 理事会。1994 年 10 月在麻省理工学院计算机科学实验室成立。万维网联盟是国际最著名的标准化组织，1994 年成立后，至今已发布近百项相关万维网的标准，对万维网发展做出了杰出的贡献。万维网联盟拥有来自全世界 40 个国家的 400 多个会员组织，已在全世界 16 个地区设立了办事处。2006 年 4 月 28 日，万维网联盟在中国内地设立首个办事处。

正如前面所述，发明 HTML 的初衷是为了信息资料的网络传播和共享，希望 HTML 文档具有平台无关性，即同一 HTML 文档在不同平台上（包括使用不同的浏览器）将看到同样的页面内容和效果。但遗憾的是，随着浏览器市场的激烈竞争，各大浏览器厂商为了吸引用户，都在早期 HTML 版本的基础上进行各类标签的扩展。但因浏览器之间互不兼容，导致 HTML 编码规则混乱，违背了 HTML 发明的初衷，因此需要一个组织来制定和维护统一的 Web 开发标准，W3C 正是这样一个组织。下面介绍为什么是 W3C 标准以及 Web 开发方面的基础规范。

1.2.7.1　什么是 W3C 标准

W3C 标准不是某一个标准，而是一系列标准的集合。网页主要由三部分组成：结构（Structure）、表现（Presentation）和行为（Behavior）。结构化标准语言主要包括XHTML和XML，表现标准语言主要包括CSS，行为标准主要包括对象模型（如 W3C DOM）、ECMAScript 等。W3C 万维网联盟主要职责是负责 Web 标准的制定和维护。Web 开发方面常设计的 W3C 标准如下：

（1）HTML 内容方面——XHTML

（2）样式美化方面——CSS

（3）行为标准方面——DOM

（4）页面交互方面——ECMAScript

其中 DOM 和 ECMAScript 将在第二学期学习。本课程主要涉及 XHTML 和 CSS 两类标准。HTML 方面目前比较常用的版本是 XHTML，表示可扩展超文本标签语言（EXTENSIBLE HYPER TEXT LANGUAGE）。它是更严格更纯净的 HTML 版本，且是一个 W3C 标准，规定了 HTML 编写的具体规范，所有主流浏览器都支持。

1.2.7.2　W3C 提倡的 Web 页结构

1. 内容和样式分离

内容 XHTML 只负责页面的内容结构，CSS（Cascading Style Sheet，简称 CSS，通常又称为"样式表"）负责表现样式（例如字体颜色、大小、背景图、显示位置等），方便网站的修改和维护。HTML 结构是页面的骨架，一个页面就好像一幢房子，HTML 结构就是钢精钢筋混泥土的墙，一幢房子如果没有钢精钢筋混泥土的墙那就是一堆费砖头，不能住人，不能办公。CSS 是装饰材料，是原木地板，是大理石，是油漆，是用来装饰房子的，如需要重新装饰，则只需要更换装饰材料即可。

2. HTML 内容结构要语义化

HTML 是一种对文本内容进行结构和意义（或者说"语义"）进行补充的方法。它会告诉我们说："这行是一个标题，这几行组成了一个段落。这些文字是项目列表，这些文字是链接到互联网上另一个文件的超链接。"值得注意的是，不应该让 HTML 来告诉我们："这些文字是蓝色的，这些文字又是红色的，这部分内容是最靠右的一栏，这行内容是斜体字。"这些和表现相关的信息是 CSS 的工作。在做前端开发的时候要记住：HTML 告诉我们一块内容是什么（或其意义），而不是它长什么样子。当我们提到"语义标记"的时候，我们所说的 HTML 应该是完全脱离表现信息的，其中的标签应该都是语义化地定义了文档的结构。写语义化的 HTML 结构其实很简单，首先掌握 HTML 中各个标签的语义，<div>是一个容器，<strong>是表示强调，<ul><li>是一个无序列表等。看到内容的时候想想用什么标签能更好地描述它，是什么就用什么标签。即要求能根据 HTML 代码就能够看出这部分内容是什么，代表什么含义，例如，是标题、段落还是项目列表等。这样的好处：一是前面提及的方面搜索引擎搜索，二是方便在各种平台上传递，除普通的计算机外，还包括手机、pda、mp4 等，这些轻量的级显示器显示终端可能不具有普通计算机上的能力，它将按照 HTML 结构的语义，使用自身设备的渲染能力显示页面内容，因此，HTML 结构语义化越来越成为一种主流趋势。不防看一个糟糕的 HTML 文档，如示例 1.14 所示。

示例 1.14

```
<head>
<meta http-equiv="Content-Type" content="text/html; charset=gb2312" />
<title>不规范的示例</title>
</head>
<body>
        <font size="7">一级主题</font><br/>
        一级主题阐述文字  <br /><br />
        <font size="5">二级主题</font><br />
        二级主题阐述文字
        <p>项目列表 1
        <p>项目列表 2
        <p>项目列表 3
</body>
</html>
```

这是使用了 HTML 早期标签<font>表示字体大小，标签大小写不统一，段落<p>标签没有配对，但在浏览器中还能正常显示（这是因为浏览器为了"讨好"而"纵容"用户的原因）。

这样编写有什么问题？仔细查看 HTML 结构和表述的页面内容，不难发现存在如下弊端：

（1）内容和表现没分离，后期很难维护和修改。编写的 HTML 代码既表示字体大小等样式，又包含内容。如网站升级改版时需要改变字体大小等样式，则需要逐行修改 HTML 代码，非常繁琐。

（2）HTML 代码不能表示页面的内容语意，不利于搜索引擎搜索。即从 HTML 代码不能看出页面内容的关系，很难判断哪些内容是主体，哪些内容是相关的阐述文字，很难看出各列表的内容之间的关系。而搜索引擎的爬虫在搜索页面时只识别含有语义化的标签（例如<h1>

标题、<p>段落等）。而不识别表示样式的标签（例如<font>字体、<b>加粗等），因此上述示例 1.14 规范化的写法是示例 1.15。

示例 1.15

```
<html>
<head>
<meta http-equiv="Content-Type" content="text/html; charset=gb2312" />
<title>规范的示例</title>
</head>
<body>
    <h1>一级主题</h1>
    <p>一级主题阐述文字</p>
    <h2>二级主题</h2>
    <p>二级主题阐述文字</p>
    <ul>
      <li>项目列表 1</li>
      <li>项目列表 2</li>
      <li>项目列表 3</li>
    </ul>
</body>
</html>
```

1.2.7.3 XHTML 1.0 的基本规范

了解了 W3C 提倡的 Web 结构后，下面介绍 XHTML 的基本规范。

（1）页面顶部必须添加文档类型。即必须使用<!DOCTYPE>标签添加文档类型声明，声明 HTML 文档遵守 W3C XHTML 哪个级别的规范。需要注意：该声明必须位于 HTML 文档的第一行。XHTML 有三个版本：XHTML 1.0 Transitional、XHTML 1.0 Strict、XHTML 1.0 Frameset。XHTML 1.0 Transitional（过度类型）：也称松散声明，相比 Strict 而言，要求相对宽松些，也是我们经常选择使用的，包含 HTML 4.01 的所有标记以及属性，是一种不是那么严格的 XHTML，目的是使现有的 HTML 开发者更容易接受并使用 XHTML。XHTML 1.0 Strict（严格类型），这种声明完全符合 W3C 的标准，但要求比较严格，就是严格版本的 XHTML 了，开发者必须要严格遵守文档的结构与表现分开的规则，也就是说需要用 CSS 控制页面的显示而不是使用<font>、bgcolor 之类的标记或属性。Frameset（框架类型），Strict 严格标准中不允许使用框架，当页面中需要使用框架时，则使用该声明，框架页将在后续单元讲解。

（2）所有的 XHTML 元素必须被嵌套于<html>根元素中。

（3）所有标签、属性必须小写。例如，规范的写法为<html>，不规范的写法为<HTML>等。

（4）属性不允许缩写。

（5）XHTML 规定所有属性都必须有一个值，属性值必须用引号""括起来：即必须使用单引号或双引号将属性值括起来，如规范的写法：<meta name="keyword"content="IT 培训"/>，不规范的写法：<meta name=keyword content=IT 培训/>。没有值的就重复本身，例如：

```
<td nowrap> <input type="checkbox" name="shirt" value="medium" checked>
```

必须修改为：

```
<td nowrap="nowrap"> <input type="checkbox" name="shirt" value="medium" checked="checked">
```

（6）用 id 属性来替代 name 属性。注意：为了版本比较低的浏览器，应该同时使用 name

和 id 属性，并使它们两个的值相同的。

（7）所有标签必须被关闭，空标签也必须关闭：如换行和水平线标签等，使用
和<hr/>表示关闭。

（8）不要在注释内容中再出现双横线"- -"。

（9）图片必须有说明文字。

（10）代码必须正确缩进。

（11）把所有<、>和&等特殊符号用编码表示。

1.3　工作场景训练

有了前面的技术和知识准备，下面去完成场景中的任务。

1.3.1　实现工作场景 1 的任务

使用 Dreamweaver 编辑工具编写 HTML 代码，实现如图 1.29 所示的页面效果，注意内容间的层次结构。

图 1.29　基本块级标签练习

场景任务 1 参考代码

```
<html>
<head>
  <meta http-equiv="Content-Type" content="text/html; charset=gb2312"  />
  <title>李清照宋词赏析</title>
</head>
```

```
<body>
    <h1>李清照宋词赏析</h1>
    <hr />
    <h2>目录</h2>
    <p>第一首：如梦令</p>
    <p>第二首：一剪梅</p>
    <hr />
    <h3>如梦令</h3>
    <p>作者：李清照</p>
    <p>昨夜雨疏风骤，</p>
    <p>浓睡不消残酒，</p>
    <p>试问卷帘人，</p>
    <p>却道海棠依旧。</p>
    <p>知否，</p>
    <p>知否，</p>
    <p>应是绿肥红瘦。</p>
    <hr />
    <h4>【李清照简介】</h4>
    <p>山东省济南章丘人，号易安居士。宋代女词人，婉约词派代表，有"千古第一才女"之称。……</p>
</body>
</html>
```

1.3.2　实现工作场景 2 的任务

使用 Dreamweaver 编辑工具编写 HTML 代码，实现如图 1.30 所示的页面效果。使用<div>分区标签作为整个页面内容的容器，然后放置标题、无序列表、有序列表等。块级标签都支持嵌套。例如，无序列表可以再嵌套无序列表。

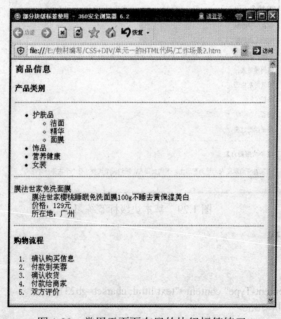

图 1.30　常用于页面布局的块级标签练习

场景任务 2 参考代码

```html
<html>
<head>
<title>部分块级标签使用</title>
</head>
<body>
<div>
    <h3>商品信息</h3>
    <h4>产品类别</h4>
    <hr/>
    <ul>
        <li>护肤品
            <ul><li>洁面</li><li>精华</li><li>面膜</li></ul>
        </li>
        <li>饰品</li>
        <li>营养健康</li>
        <li>女装</li>
    </ul>
    <hr/>
    <dl>
        <dt>膜法世家免洗面膜</dt>
        <dd>膜法世家樱桃睡眠免洗面膜 100g 不睡去黄保湿美白</dd>
        <dd>价格：129 元</dd>
        <dd>所在地：广州</dd>
    </dl>
    <hr/>
    <h4>购物流程</h4>
    <ol>
        <li>确认购买信息</li>
        <li>付款到芙蓉</li>
        <li>确认收货</li>
        <li>付款给商家</li>
        <li>双方评价</li>
    </ol>
</div>
</body>
</html>
```

1.3.3　实现工作场景 3 的任务

对于场景的任务我们通过分析，应该整体使用自定义列表，将图片作为术语标题<dt>，文字内容作为术语描述<dd>，范围标签<span>用于标识行内的 10 这个数字，"促销信息"用标题标签修饰。

图 1.31　行级元素

场景任务 3 参考代码

```
</html>
<head>
<title>上机练习-行级元素</title>
</head>
<body>
<h1>促销信息</h1>
<dl>
    <dt><img src="images/jiemian3.jpg" alt="相宜本草"  title="相宜本草"/></dt>
    <dd>相宜本草</dd>
    <dd>滋润型的洁面产品，适合中至干性，混合性肌肤，秋冬等干燥季节</dd>
    <dd>跳楼疯抢价<span style="color:red;font-size:60px;">10</span>元起  </dd>
</dl>
</body>
</html>
```

1.4　重点问题分析

我们刚开始接触标记语言，重点注意以下几个问题：

（1）XHTML 文件与普通的纯文本文件的最大不同在于一些用"<>"包含的东西，例如 <body>，我们把它们叫做标签。通常情况下 XHTML 标签都是成对出现的，例如<html></html>。它们只相差一个"/"，我们把类似<html>的没有"/"的标签叫做起始标签，而它对应的有"/"的</html>则叫终止标签，终止标签与起始标签只相差一个"/"符号。当然，XHTML 也有一些标签并不成对出现，它们没有终止标签，我们把这样的标签叫做"空标签"，如分割线标签写成写成<hr/>，而不是对称的<hr></hr>，这样的书写格式是为了满足 XHTML 中任何标签都需要"关闭"的规则。

（2）关于大小写，以前各个版本 HTML 标签并不区分大小写，例如标签<HTML>和标签 <html>是等效的。而在 XHTML 中，所有标签均使用小写。

（3）理解 XHTML 标签的作用和标签的属性。

1.5 小结

　　HTML 标签分为块级和行级标签，块级标签按"块"显示，行级标签按"行"逐一显示。基本块级标签包括段落标签<p>、标题标签<h1>~<h6>、水平线标签
等。常用于布局的块级标签包括无序列表标签<ul>、有序列表标签<ol>、定义列表标签<dl>、分区标签<div>等。行级标签包括图片标签<img/>、范围标签<span>、换行标签
、超链接标签<a>等。插入图片时，要求"src"和"alt"属性必选，"title"和"alt"属性推荐同时使用。编写 HTML 文档注意遵循 W3C 相关标准，W3C 提倡内容和结构分离，HTML 结构具有语义化。

单元二 表单应用

在浏览网站时经常会遇到表单，它是网站实现互动功能的重要组成部分。例如在网上要申请一个电子信箱，就必须按要求填写完成网站提供的表单页面，其主要内容是姓名、年龄、联系方式等个人信息。又例如要在某论坛上发言，发言之前要申请资格，也是要填写完成一个表单网页。表单是实现动态网页的一种主要的外在形式。HTML 表单是 HTML 页面与浏览器端实现交互的重要手段。利用表单可以收集客户端提交的有关信息。

单元要点

- 表单的基本语法
- 各种表单元素的使用和语法

技能目标

- 能使用各种基本表单元素标签建立含有表单的网页

2.1 工作场景导入

【工作场景】

实现某网站的会员注册页面的制作，网页效果如工作场景图 1 所示。

工作场景图 1 会员注册

2.2 技术与知识准备

2.2.1 表单的基本语法

表单是一个能够包含表单元素的区域。表单元素是能够让用户在表单中输入信息的元素（比如文本框、密码框、下拉菜单、单选框、复选框等）。表单是用<form>定义的，可以用于调查、订购、搜索等。

基本语法如下：

<form name="表单名" method="提交方法" action="表单提交的地址" >

<!--文本框、按钮等表单元素-->

</form>

表单是网页上的一个特定区域，这个区域是由一对<form>标记定义的，这一步有几方面的作用。第一方面，限定表单的范围，其他的表单对象都要插入到表单之中。单击"提交"按钮时，提交的也是表单范围之内的内容。第二方面，携带表单的相关信息，例如处理表单的脚本程序的位置、提交表单的方法等。这些信息对于浏览者是不可见的，但对于处理表单确有着决定性的作用。也就是所有的表单元素，比如文本框、密码框、各种按钮的元素对象，都要放在以<form>开始</form>结束的标签中。

其中 name 描述的是表单的名称，method 定义表单结果从浏览器传送到服务器的方法，一般有两种方法：get 和 post，get 方式一般适用于安全性要求不高的场合，而 post 一般适用于安全性较高的场合。两者的具体应用将在第二学期的相关课程进行深入讲解。action 用来定义表单处理程序的位置（相对地址或绝对地址），如不填，默认为当前页面。

学习了表单的基本语法之后，下面介绍表单元素的具体用法，除了下拉列表框、多行文本域等少数表单元素外，大部分表单元素都使用<input>标签，只是它们的属性设置不同，统一用法如下：

<input name=" 表单元素名称"type="类型" value="值" size="显示宽度" maxlength="能输入的最大字符数" checked="是否选中"/>

name 属性指定表单元素的名称。例如，如果表单上有几个文本框，可以按照名称来标识它们如 text1、text2 或用户选择的任何名称。

type 属性指定表单元素的类型。可用的选项有 text、password、checkbox、radio、submit、reset、file、hidden 和 button。默认值为 text。

value 属性是可选属性，它指定表单元素的初始值。

size 属性指定表单元素的显示长度。用于文本输入的表单元素即输入类型是 text 或 password 的。

maxlenght 属性用于指定在 text 或 password 表单元素中可以输入的最大字符数。默认值为无限制的。

checked 属性是指定按钮是否是被选中的，只有一个值，为 checked。当输入类型为 radio 或 checkbox 时，使用此属性。

下面介绍两个常见的表单组成元素。

2.2.2　表单元素的介绍

1．文本框

在表单中，文本框用来让用户输入字母、数字等单行文本信息的。文本框的宽度默认是
20 个字符。

```
<form name="form1"  method="post"  action="xxx.asp">
    <p>姓名:<input type="text" name="username"/></p>
</form>
```

2．密码框

type 属性设置成 password，就可以创建一个密码框，输入的字符以"·"显示。

```
<form name="form1"  method="post"  action="xxx.asp">
    <p>密码:<input type=" password " name="userpassword"/></p>
</form>
```

文本框和密码框效果如图 2.1 所示。

图 2.1　文本框和密码框的效果

可以看到，这两个表单元素都用到了<input>标签，随 type 类型的不同而分文本输入框、密
码输入框，但是密码框里填写的内容却是不可见的，决定它们类型不同的是<input>标签的属性
type 的属性值。type 的属性值是 text 即文本框，type 的属性值是 password 即密码框。同样 type
的属性值是 checkbox 代表元素单选框，是 radio 就是复选框，值是 submit 表示元素是"提交"
按钮，如果值是 reset 就代表元素是重置按钮了。你应该注意到了，<input>标签也是一个单标签，
它没有终止标签。一定要记得在后面加上一个"/"以符合 XHTML 的要求。

3．"提交"和"重置"按钮

type="submit"和 type="reset"分别是"提交"和"重置"两按钮。"提交"按钮用于提交表
单数据，将 form 中所有内容进行提交 action 页处理，"重置"按钮用于清空现有表单数据。

```
<form name="form1"  method="post"  action="xxx.asp">
    <p>姓名:<input type="text" name="username"/></p>
    <p>密码:<input type=" password " name="userpassword"/></p>
    <p><input type="submit"  value="提交"> <input type="reset"  value="重置"></p>
</form>
```

4．普通按钮

type="button"是标准 Windows 风格的按钮，也就是普通按钮，当然要让按钮跳转到某个页
面上还需要加入写 JavaScript 代码。

```
<form name="form1"  method="post"  action="xxx.asp">
<p>
```

```
<input type="button" name="my button " value="Go！" onclick="window.open('
http://www.google.com.hk')">
</p>
</form>
```

文本框、密码框和"提交"、"重置"按钮效果如图 2.2 所示。

图 2.2　文本框、密码框和"提交"、"重置"按钮效果

5. 图片按钮

type="image"是比较另类的一个，代表图片按钮，虽然 type 没有设置为"submit"，但它有提交功能。

```
<form name="form1"　method="post"　action="xxx.asp">
   <input type="image" src="images/agree1.png">
</form>
```

四种按钮效果如图 2.3 所示。

6. 多选框

type="checkbox"表示多选框，常见于注册时选择爱好、性格等信息。参数有 name、value 及特别参数 checked(表示默认选择)，其实最重要的还是 value 值,提交到处理页的也就是 value (附：name 值可以不一样，但不推荐)。

```
<form name="form1"　method="post"　action="xxx.asp">
<p>爱好:
   <input type="checkbox" name="hobby" value="sport" checked="checked"/>运动   
   <input type="checkbox" name=" hobby " value="talk"/>聊天   
   <input type="checkbox" name=" hobby " value="play"/>玩游戏
</p>
</form>
```

多选框效果如图 2.4 所示。

图 2.3　四种按钮形式　　　　　　　　图 2.4　多选框

7. 单选框

type="radio"即单选框，出现在多选一的页面中，如性别选择。参数同样有 name、value 及特别参数 checked。不同于 checkbox 的是，name 值一定要相同，否则就不能多选一。当然提交到处理页的也是 value 值。

```
<form name="form1"  method="post"  action="xxx.asp">
  <p>性别：
    <input type="radio" name="sex" value="man" >男
    <input type="radio" name=" sex " value="woman" checked="checked">女
  </p>
</form>
```

效果如图 2.5 所示。

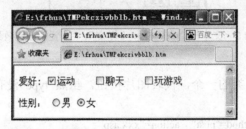

图 2.5　多选框和单选框

下面是 name 值不同的一个例子，就不能实现多选一的效果了。

```
<form name="form1"  method="post"  action="xxx.asp">
  性别：
    <input type="radio" name="sex1" value="man" >男
    <input type="radio" name=" sex2 " value="woman" checked="checked" >女
  </br>
</form>
```

8. 文件域表单

type="file"是当你在 BBS 上传图片，或者在 Email 中上传附件时一定少不了的东西，提供了一个文件目录输入的平台，会创建一个不能输入内容的地址文本框和一个"浏览"按钮，单击"浏览........"按钮，将会弹出"选择要加载的文件"窗口，选择文件后，路径将显示在地址文本框中。参数有 name、size。

```
<form action=""  method="post"  enctype="multipart/form-data">
<p><input type="file" name="yourfile"> </p>
</form>
```

效果如图 2.6 所示。

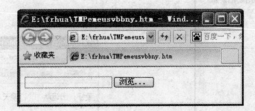

图 2.6　文件域表单

包含文件域的表单，因为提交的数据包括普通的表单数据、文件数据等多部分内容，所以必须设置 form 标签的 enctype 属性值为 multipart/form-data，表示将表单数据分为多部分提交。

下面将要介绍的这 2 个表单元素，它们不使用<form>标签。

9. 下拉列表框

基本语法如下：

```
<select>
<option value="选择此项提交给处理页面的值"　selected="selected"></option>
</select>
```

一般使用表单下拉列表选择数据，如省、市、县、年、月等数据，我们即可使用下拉菜单表单进行设置，select 是下拉列表菜单标签，option 为下拉列表数据标签，value 为 option 的数据值（用于数据的传值），selected 默认被选中的项。

```
<html>
<body>
<form name="form1"　method="post"　action="xxx.asp">
  <select name="fruit" >
<option value="apple">苹果</option>
<option value="orange"　selected="selected">桔子</option>
<option value="mango">芒果</option>
  </select>
</form>
</body>
</html>
```

图 2.7　下拉列表框

10. 文本域

文本域，也就是多行输入框（textarea），主要用于输入两行或两行以上的较长文本信息，常见于留言内容或者协议。

基本语法如下：

```
<textarea name="yoursuggest"　cols ="50"　rows = "3">初始文本</textarea>
```

name 为传值命名，cols 为字符宽度（每行输入文字多少宽度），跟具体数字，rows 为行数，默认输入框区域显示高度，跟具体数字。

例句如下：

```
<textarea name="yoursuggest" cols ="50" rows = "3"></textarea>
```

其中 cols 表示 textarea 的宽度，rows 表示 textarea 的高度。

演示示例在文本域中，字符个数不受限制。

```
<html>
<body>
   form name="form1"   method="post"   action="xxx.asp">
   <p>请阅读服务协议</p>
   <textarea rows="10" cols="30">
服务协议的具体内容……
</textarea>
</form>
</body>
</html>
```

效果如图 2.8 所示。

图 2.8　文本域

下面再来看看表单的高级用法。

11. 隐藏域

基本语法如下：

`<input type="hidden"   name="field__name"   value="value">`

作用：隐藏域在页面中对于用户是不可见的，在表单中插入隐藏域的目的在于收集或发送信息，以利于被处理表单的程序所使用。浏览者单击"发送"按钮发送表单的时候，隐藏域的信息也被一起发送到服务器。有些时候一个 form 里有多个"提交"按钮，怎样使程序能够分清楚到底用户是按哪一个按钮提交上来的呢？我们就可以写一个隐藏域，然后在每一个按钮处加上 onclick="document.form.command.value="xx""，然后接到数据后先检查 command 的值就会知道用户是按哪个按钮提交上来的。有时候一个网页中有多个 form，我们知道多个 form 是不能同时提交的，但有时这些 form 确实相互作用，我们就可以在 form 中添加隐藏域来使它们联系起来。

12. 只读和禁用属性

在某些情况下，需要对表单进行限制，设置表单元素为只读或禁用，它们常见的应用场景如下：

（1）只读场景：服务器方不希望用户修改数据，只是要求这些数据在表单元素中显示。例如注册或交易协议、商品价格等。

（2）禁用场景：只有满足某个条件后，才能用某项功能。例如，只有用户同意注册协议后才允许单击"注册"按钮。播放器控件在播放状态时，不能再单击"播放"按钮等。

只读和禁用效果分别通过 readonly 和 disabled 属性，例如要实现协议只读和注册按钮禁用的效果，对应的部分 HTML 代码：

<!...省略部分 html 代码>

<textarea rows="10" cols="30" readonly="readonly">

服务协议的具体内容……

</textarea>

<input name="btn" type="submit"　value="注册" disabled="disabled"/>

<!..省略部分 html 代码.....>

效果如图 2.9 所示。

图 2.9　disabled 禁用属性

常用的表单元素有很多，不过就目前的技术和知识还无法处理表单，也就无法深入理解表单的含义，大家以后如果继续学习后台技术的话，自然就会理解 form 在建站中所起到的作用了。

2.3　工作场景训练

有了前面的技术和知识准备，我们去完成场景中的任务。在这个场景中，整个页面是一个会员注册页面，涉及的表单元素有文本框、密码框、单选按钮、文件域、多选框、下拉列表框、提交和重置按钮，我们利用前面的知识准备完成任务，场景任务参考代码如下：

<html>

<head>

<title>会员注册页面</title>

</head>

<body>

<form method="post" action="register_success.htm">

　　<p>登录名：<input name="sname" type="text" size="24" />（可包含 a-z、0-9 和下划线）</p>

　　<p>密码：<input name="pass" type="password" size="26" />（至少包含 6 个字符）</p>

　　<p>再次输入密码：<input name="rpass" type="password" size="26" /></p>

　　<p>电子邮箱：<input name="email" type="text" size="24" />（必须包含@字符）</p>

```
    <p>性别:
  <input name="gen" type="radio" value="男" checked="checked" />
  <img src="images/Male.gif" alt="alt" />男 
    <input name="gen" type="radio" value="女" /><img src="images/Female.gif" alt="alt" />女
    </p>
  <p>头像: <input type="file" name="upfiles" /></p>
    <p>爱好: <input type="checkbox" name="checkbox" value="checkbox" />运动  
    <input type="checkbox" name="checkbox2" value="checkbox" />聊天  
    <input type="checkbox" name="checkbox3" value="checkbox" />玩游戏
    </p>
    <p>喜欢的城市:
      <select name="nMonth">
      <option value="" selected="selected">[请选择]</option>
      <option value="0">北京</option>
      <option value="1">上海</option>
      </select>
    </p>
    <p>
      <input type="submit" name="Button" value="同意右侧服务条款,提交注册信息" disabled="true" />
<input type="reset" name="Reset" value="重    填" />
    </p>
    </form>
  </body>
</html>
```

2.4   重点问题分析

这个单元介绍了块级标签中的<form>标签,以及各种表单元素,重点是表单元素的语法和使用,由于我们目前只是讲解其基本用法,进一步的理解还需要和 JavaScript 以及.asp、.jsp 等动态网页相关联,真正实现其交互功能。

2.5   小结

表单在网页中主要负责数据采集功能。一个表单有三个基本组成部分:①表单标签 form:这里面包含处理表单数据所提交的处理页面和数据提交到服务器的方法;②表单域:包含文本框、密码框、隐藏域、多行文本框、复选框、单选框、下拉选择框和文件上传框等;③表单按钮:包括提交按钮、重置按钮、一般按钮和图片按钮。

单元三　表格应用和布局

前面单元学习了 HTML 的基本标签和表单的知识，本单元将学习另一个块级标签表格 <table>，介绍表格的基本用法，并使用表格实现图文布局和表单的布局，其中重点是表格的基本结构，难点是如何创建跨多行跨多列的表格。

单元要点

- 跨行列的表格
- 表格布局页面
- 表格实现报表

技能目标

- 能灵活运用跨行跨列实现表格显示数据
- 能运用表格结构进行图文布局和表单布局

3.1　工作场景导入

【工作场景 1】

实现一个跨行跨列的商品类目表格。效果如工作场景图 1 所示。 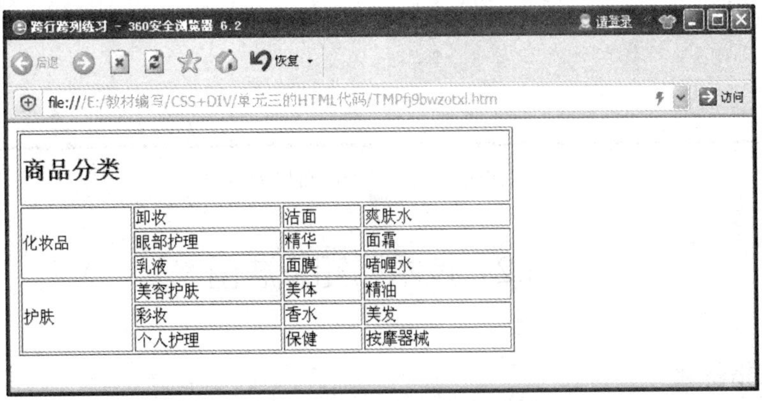

工作场景图 1　跨行跨列的商品分类表格

【工作场景 2】

运用表格结构进行图文布局，实现下面工作场景图 2 所示的效果，能运用表格结构进行图文布局。

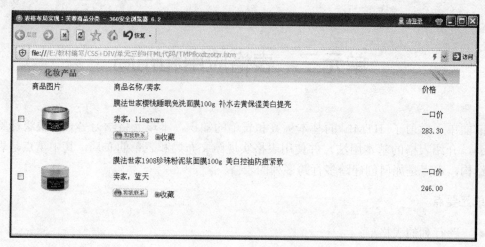

工作场景图 2   表格布局图文页面

【工作场景 3】

能运用表格结构进行表单布局，实现下面工作场景图 3 所示的效果。

工作场景图 3   表格布局表单

3.2   技术与知识准备

3.2.1   表格基础

大家比较熟悉 Excel 表格，表格的英文单词为"table"，所以 HTML 的表格标签为<table>，是块状元素，作用是在网页中插入一个表格。<table>最初主要用来显示课程表、个人简历以及企业账单等，表格作为一种非常特殊而且实用的数据表达方式，从没有淡出设计师的视野，因为有很多数据仍需要通过表格这种形式来体现。但现在表格是 XHTML 中处境尴尬的一个标签，在 XHTML 中，table 不被推荐用来定位，W3C 希望 CSS 可以取代<table>在定位方面的地位。不过事实上由于利用 CSS 布局常常需要大量的手写代码工作，<table>仍被许多网站首页布局，例如 Google 的 More products 页面就利用了 table 来定位。不过个人推荐您使用 CSS 来定位网页，因为这是 Web 发展的方向。

一个表格元素有 4 个可选的组成部分，即为标题 caption、表头 thead、表身 tbody、表尾 tfoot。其中标题内可以放文本，表头、表身、表尾内可以放单元行 tr，单元行内包含若干个单元格，单元格可分为普通单元格 td 和标题单元格 th。

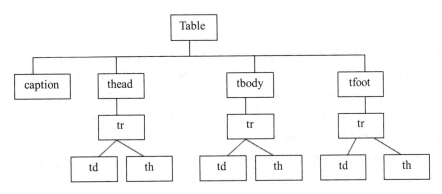

图 3.1 表格元素的结构图

1. 表格的基本结构

<table>不单独使用，它通常与 tr 和 td 一起使用。<tr>标签表示开启表格的一行（row）。<td>标签表示表格的一个数据单元（data）即单元格。<tr>标签的数量可多可少，但一个表格至少要包含一个<tr>行。每一行的<td>单元格的个数必须相同（后面学了跨行跨列后，情况将会不同）。因此表格是由指定数目的行和列组成的，如图 3.2 所示。

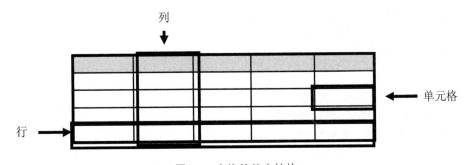

图 3.2 表格的基本结构

（1）数据单元（单元格）。

表格的最小单位，一个或多个单元格纵横排列组成了表格。

（2）行。

一个或多个单元格横向堆叠形成了行。

（3）列。

由于表格单元格的宽度必须一致，所以单元格纵向划分形成了列。

2. 表格的基本语法

```
<table>
    <tr>
```

```
            <td>第 1 行第 1 个单元格的内容</td>
            <td>第 1 行第 2 个单元格的内容</td>
                ......
        </tr>
        <tr>
            <td>第 2 行第 1 个单元格的内容</td>
            <td>第 2 行第 2 个单元格的内容</td>
                ......
        </tr>
    </table>
```

一般我们创建表格的时候先书写表格标签 <table>......</table>，然后在标签 <table>......</table>里书写行标签<tr>......</tr>，可以有多行，最后在行标签<tr>......</tr>里创建单元格标签<td> ......</td>，可以有多个单元格。在为了显示表格轮廓，一般还需要设置<table>标签的 border 边框属性，指定边框的宽度，取值范围为数字，单位是像素，默认值为 0。如<table border="1">，border="1"表示边框为 1px。如果不定义边框属性，表格将不显示边框。有时这很有用，但是大多数时候，我们希望显示边框。例如，在页面中添加一个 2 行 3 列的表格对应的 HTML 代码，如示例 3.1 所示。

示例 3.1

```
</html>
<head>
<title>基本表格结构</title>
</head>
<body>
<table border="2">
    <tr>
        <td>第 1 行第 1 列的单元格</td>
        <td>第 1 行第 2 列的单元格</td>
        <td>第 1 行第 3 列的单元格</td>
    </tr>
    <tr>
        <td>第 2 行第 1 列的单元格</td>
        <td>第 2 行第 2 列的单元格</td>
        <td>第 2 行第 3 列的单元格</td>
    </tr>
</table>
</body>
</html>
```

浏览器预览看到结果如图 3.3 所示。

3.2.2　跨行和跨列的表格

对于标准的表格，每一行的单元格<td>数量是一样的。但在实际使用中，经常会遇到跨行跨列的表格，这个时候，每一行的<td>数量就不一样了。

1. 跨列

有的单元格在水平方向上是跨多个单元格的，这就需要使用跨列属性 colspan。

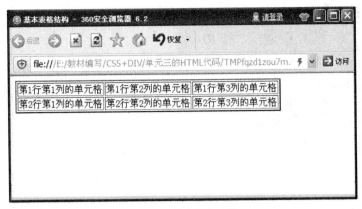

图 3.3 创建基本表格

基本语法：<td colspan=value>

语法解释：value 代表单元格跨的列数，col 为列的单词 column 的缩写，span 意思是跨度，所以 colspan 就是跨列的意思。下面通过示例 3.2 来介绍 colspan 的用法，浏览器看到的效果如图 3.4 所示。

示例 3.2

```html
<html >
<head>
<title>跨行跨列的表格</title>
</head>
<body>
<table width="200" border="1">
  <tr>
    <td colspan="3">我的成绩</td>
  </tr>
  <tr>
    <td>SQL Server 数据库技术</td>
    <td>98</td>
  </tr>
  <tr>
    <td>CSS+DIV 页面布局技术</td>
    <td>95</td>
  </tr>
  </table>
</body>
</html>
```

2. 跨行

有的单元格在垂直方向上是跨多个单元格的，这就需要使用跨行属性 rowspan。

基本语法：<td rowspan =value>

语法解释：value 代表单元格跨的列数，row 为行单词，span 意思是跨度，所以 rowspan 就是跨行的意思。下面通过示例 3.3 来介绍 rowspan 的用法，浏览器看到的效果如图 3.5 所示。

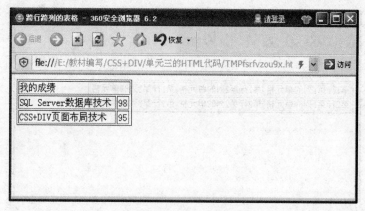

图 3.4　跨列的表格

示例 3.3

```
<html>
<head>
<title>跨行的表格</title>
</head>
<body>
<table width="300" border="1">
  <tr>
    <td rowspan="2">张雯雯</td>
    <td> SQL Server 数据库技术</td>
    <td>98</td>
  </tr>
  <tr>
    <td> CSS+DIV 页面布局技术</td>
    <td>95</td>
  </tr>
  <tr>
    <td rowspan="2">李青青</td>
    <td> SQL Server 数据库技术</td>
    <td>88</td>
  </tr>
  <tr>
    <td> CSS+DIV 页面布局技术</td>
    <td>91</td>
  </tr>
</table>
</body>
</html>
```

　　一般在需要设置跨行或者跨列时，在需要合并的第一个单元格设置跨行或者跨列属性，删除被合并的其他单元格，自己体会一下属性 width 的作用。

　　3．跨行和跨列

　　有些情况表格中既要用到跨行又要用到跨列，如图 3.6 所示，实现的代码如下：

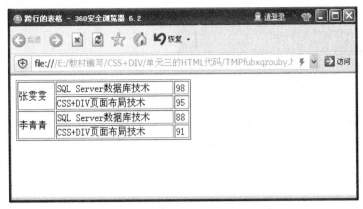

图 3.5　跨行的表格

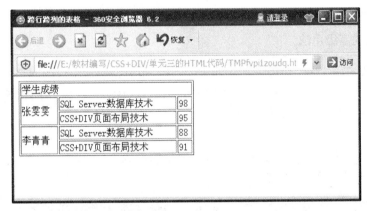

图 3.6　跨列跨行的表格

示例 3.4

```
</html>
<head>
<title>跨行跨列的表格</title>
</head>
<body>
<table width="300" border="1">
  <tr>
    <td colspan="3">学生成绩</td>
  </tr>
  <tr>
    <td rowspan="2">张雯雯</td>
    <td>SQL Server 数据库技术</td>
    <td>98</td>
  </tr>
  <tr>
    <td>CSS+DIV 页面布局技术</td>
    <td>95</td>
  </tr>
```

```
            <tr>
                <td rowspan="2">李青青</td>
                <td>SQL Server 数据库技术</td>
                <td>88</td>
            </tr>
            <tr>
                <td>CSS+DIV 页面布局技术</td>
                <td>91</td>
            </tr>
        </table>
    </body>
</html>
```

跨行和跨列以后，并不改变表格的特点，同行的总高度一致，同列的总宽度一致。因此，表格中各单元格的宽度或高度互相影响，结构相对稳定，但缺点是不灵活。

3.2.3 表格的高级用法

表格除用来显示数据外，还用于搭建网页的结构，也就是通常所说的网页布局，在 XHTML 中，table 不被推荐用来定位，W3C 希望 CSS 可以取代<table>在定位方面的地位，但<table>的作用也不容忽视，因此在这里作一介绍。

1. 表格用于图文布局

表格的图文布局是将图像和文本都看成单元格的组成内容，然后设置它们所占的行数或列数，这种布局方式的效果如图 3.7 所示。

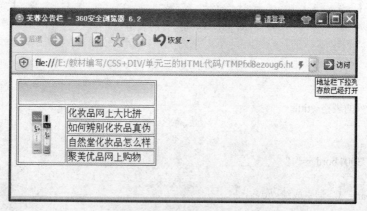

图 3.7   表格用于图文布局

进行图文布局时，总是以最小单元格数作为表格行列数确定的依据，也就是看那些不存在跨行或跨列的单元格。在图 3.7 中看到，右下文字描述为最小单元格，据此，得出该表格为 5 行 2 列的表格，为显示效果，设置 border="1px"，并在<td></td>里加个空格（ ），在一些浏览器中，没有内容的表格单元显示得不太好。如果某个单元格是空的（没有内容），浏览器可能无法显示出这个单元格的边框。为了避免这种情况，在空单元格中添加一个空格占位符，就可以将边框显示出来。然后分析确定需要合并的单元格位于几行几列并跨了几行几列。标题图片位于第一行第一列并且跨两列，即横向合并两个单元格，在第一行第一列单元格<td>里加入跨列属性 colspan="2"，既然跨了 2 列，那么就没有第一行第二列的单元格了，因此删除右边的一个单元格。左侧图片位于第二行第一列跨了四行，则在第二行第一列单元格里加入跨行属性 rowspan="4"，再删除下方的三个单元格。布局完以后，我们再来考虑诸如边框 border 及总宽度 width 的修饰设置。完整的 HTML 代码如示例 3.5 所示。

示例 3.5

```
</html>
<head>
<title>芙蓉公告栏</title>
</head>
<body>
<table border="1px">
  <tr>
    <td colspan="2"><img src="images/a_title.jpg" alt="标题" /></td>
  </tr>
  <tr>
    <td rowspan="4"><img src="images/a_left.jpg" alt="左侧图" /></td>
    <td>化妆品网上大比拼</td>
  </tr>
  <tr>
    <td>如何辨别化妆品真伪</td>
  </tr>
  <tr>
    <td>自然堂化妆品怎么样</td>
  </tr>
  <tr>
    <td>聚美优品网上购物</td>
  </tr>
</table>
</body>
</html>
```

2. 表格用于表单布局

表单布局是把注册的各项看成一行，每项的标题显示在同一列，而所填信息也显示在同一列的布局方式，整体看起来较为规整，效果如图 3.8 所示。

图 3.8　表格用于表单布局

下面逐一介绍它们的具体实现过程。首先我们看一下不使用表格布局表单的效果，如图 3.9 所示。

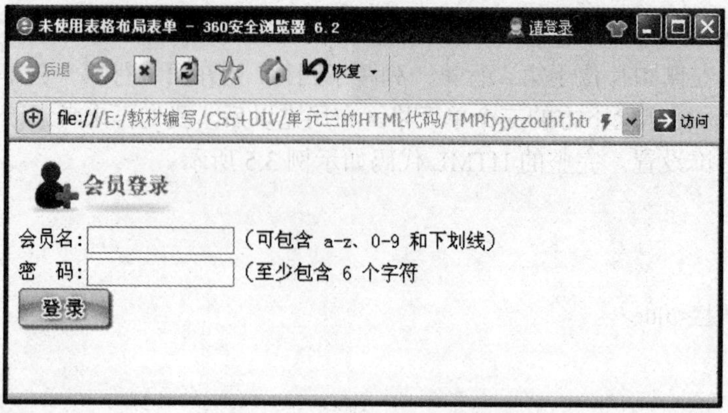

图 3.9　未使用表格布局表单

对应的代码如下：

示例 3.6

```
</html>
<head>
<title>未使用表格布局表单</title>
</head>
<body>
<form method="post" action="login_success.htm">
    <img src="images/title_login_2.png" alt="alt" /></br>
    会员名:<input name="sname" type="text" size="15" />（可包含 a-z、0-9 和下划线）</br>
    密  码:<input name="pass" type="password" size="15" />（至少包含 6 个字符</br>
       <input type="image" style="border:0px;" name="Button" src="images/login.gif" />
</form>
</body>
</html>
```

未使用表格布局时，表单蜷缩在整个页面的左上角，并且四行的表单元素是左对齐的。表单元素和相应的提示标题一一对应,因此我们可以把标题和表单输入元素各归入相邻的两列中，再根据信息数决定行数，以实现使用表格对表单的基本布局。和图文布局类似，使用表格布局表单要分析需要几行几列的表格，结合我们的示例，考虑表单提示文字部分是一列，输入框是另外一列，所以共 2 列。之后考虑各列的宽度，标题"会员名"、"密码"的宽度够容纳四五个汉字即可。对于一些特殊元素需要考虑它的跨行列数，比如这里的"登录"按钮需要跨两列，登录页面的标题图片也跨两列。经过分析代码如下：

示例 3.7

```
</html>
<head>
<title>登录</title>
</head>
<body>
<form method="post" action="login_success.htm">
    <table>
      <tr>
```

```
        <td><img src="images/title_login_2.png" alt="alt" /></td>
        <td> </td>
    </tr>
    <tr>
        <td rowspan="3"></td>
        <td>会员名：<input name="sname" type="text" size="15" />（可包含 a-z、0-9 和下划线）</td>
    </tr>
    <tr>
        <td>密  码：<input name="pass" type="password" size="15" />（至少包含 6 个字符）</td>
    </tr>
    <tr>
        <td><input type="image" style="border:0px;" name="Button" src="images/login.gif" />
        </td>
    </tr>
    </table>
</form>
</body>
</html>
```

但这个结构所占空间较小，如果放在一个实际的登录页中就会显得不协调，如图 3.10 所示使用 4 行 2 列布局表单的效果，显然因登录框所占空间过小，导致页面中间出现了大片"空白"。

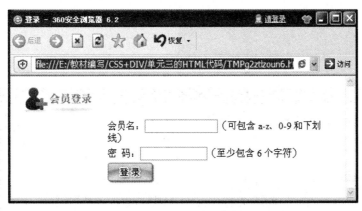

图 3.10　使用 4 行 2 列布局表单的效果

解决这片空白的的思路还是一样。针对登录框所占空间小的问题，我们调整为三列。"会员登录"标题图片下的两个单元格内容为空，即整个登录框采取四行三列的表格进行布局。对于各列宽度："输入框"所在列的宽度增加，增加输入框的宽度，同时添加输入提示文字。特殊元素的跨行或跨列，仍是"标题图片"和"登录按钮"存在跨多列的情况，如图 3.11 所示。

示例 3.8

```
</html>
<head>
<title>登录</title>
</head>
<body>
<form method="post" action="login_success.htm">
```

```
    <table>
      <tr>
        <td><img src="images/title_login_2.png" alt="alt" /></td>
        <td colspan="2"> </td>
      </tr>
      <tr>
        <td></td>
        <td>会员名:</td>
        <td><input name="sname" type="text" size="15" />（可包含 a-z、0-9 和下划线）</td>
      </tr>
      <tr>
        <td></td>
        <td>密  码:</td>
        <td><input name="pass" type="password" size="15" />（至少包含 6 个字符）</td>
      </tr>
      <tr>
        <td></td>
        <td colspan="2">
            <input type="image" style="border:0px;" name="Button" src="images/login.gif" />
        </td>
      </tr>
    </table>
  </form>
  </body>
  </html>
```

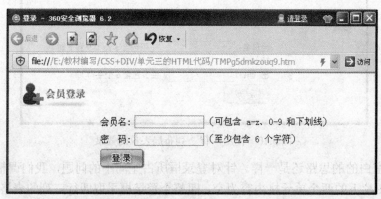

图 3.11　使用 4 行 3 列的表格进行布局

　　同列单元格的宽度由该列宽度最大的单元格决定，如果没有，则默认与该列第一行单元格宽度一致。在布局时必须注意内容过长撑开单元格的情况，合理设置好各列列宽。

　　3. 表格的嵌套布局

　　既然表格能用于页面布局，那么我们尝试使用表格来实现如图 3.12 所示的芙蓉商城的首页布局。在这里我们制作分析，不要求大家掌握代码。显然，整个页面可以划分为上、中、下三行一列的表格。其中，中间部分比较复杂。可以再分为三列，各列很明显又嵌套多个表格。这些表格的完整结构都类似左上角的"护肤品"版块。

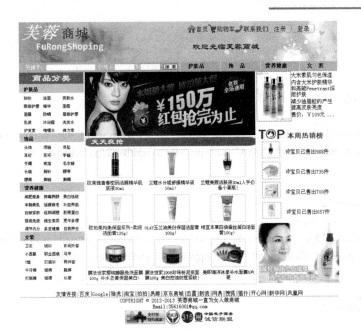

图 3.12　芙蓉商城首页

　　通过上述页面结构的划分可以看到，如果使用表格实现页面的整体布局，需要使用表格的多层嵌套，结构非常复杂。下面再看看表格嵌套对应的 HTML 代码。

示例 3.9

```
</html>
<head>
<title>表格嵌套</title>
</head>
<body>
<table border="10">
 <tr>
  <td>
    <table border="2">
    <tr>
      <td width="50px"> </td><td width="50px"> </td><td width="50px"> </td><td
width="50px"> </td><td width="50px"> </td><td width="25px"> </td>
    </tr>
    </table>
    <table border="2">
    <tr>
      <td width="25px"> </td><td width="50px"> </td><td width="50px"> </td><td
width="50px"> </td><td width="50px"> </td><td width="50px"> </td>
    </tr>
    </table>
    <table border="2">
    <tr>
      <td width="50px"> </td><td width="50px"> </td><td width="50px"> </td><td
width="50px"> </td><td width="50px"> </td><td width="25px"> </td>
```

```
        </tr>
        </table>
        </td>
        <td>
        <table border="2">
        <tr>
            <td  width="50px"> </td><td  width="50px"> </td><td  width="50px"> </td><td
width="50px"> </td><td width="50px"> </td><td width="25px"> </td>
        </tr>
        </table>
        <table border="2">
        <tr>
            <td  width="25px"> </td><td  width="50px"> </td><td  width="50px"> </td><td
width="50px"> </td><td width="50px"> </td><td width="50px"> </td>
        </tr>
        </table>
        <table border="2">
        <tr>
            <td  width="50px"> </td><td  width="50px"> </td><td  width="50px"> </td><td
width="50px"> </td><td width="50px"> </td><td width="25px"> </td>
        </tr>
        </table>
    </td>
  </tr>
</table>
</body>
</html>
```

　　从整体上看是一张一行两列的大表格，左右两列又各包含三张一行六列的表格，对应的
HTML 代码如示例 3.9 所示（这些代码不要求被掌握，仅用于展示嵌套表格的代码复杂性）。
可以看出，如果用嵌套表格布局页面，HTML 层次结构复杂，代码量非常大，并且 HTML 结
构的语义性差，但表格布局又具有结构相对稳定、简单通用的优点，所以表格布局仅适用于页
面中数据规整的局部布局，而页面的整体布局一般采用主流的 DIV+CSS 布局。DIV+CSS 布局
将在后续单元进行讲解。

3.2.4　表格的其他用法

　　除了设置表格跨行和跨列外，还可以为整个表格添加标题（caption）、对表格数据分组等，
如使用<thead>、<tbody>、<tfoot>三个标记，分别对应表格的表头、表主体也就是表身、表尾，
从而实现常见的报表等表格。如图 3.13 所示为一张简化了的年终收入报表表格。

季度	年终数据报表 收入（RMB）
1季度	3000
2季度	2400
3季度	4900
4季度	4200
平均收入	3825
总计	14500

图 3.13　年终收入报表表格

　　如何实现上述报表效果？下面给予分析和实现。

　　首先这张表格的标题是"年终数据报表"，居中显示。这部分应该放在<table>的<caption>标签中，然后设置居中的样式。整个报表的页眉，即表格的表头部分是"季度"和"收入（RMB）"，放入<thead>标签中，<thead>标记内可以含有<tr>、<td>、<th>，其中<th>是定义表头用的单元格，部分代码如下：

```
<thead style="background: #0FF">
    <tr>
      <th>季度</th>
      <th>收入（RMB）</th>
    </tr>
</thead>
```

　　一个表元素只能有一个<thead>，<thead>内部必须拥有<tr>标签。接下来是报表的主体部分，要书写到<tbody>标签中，即详细的数据描述部分，<tbody>标记内可以含有<tr>、<td>。最后是报表的页脚，也就是对各分组数据进行汇总的部分，要放到<tfoot>标签中，<tfoot>标记内可以含有<tr>、<td>。为了区分各部分的数据，可以利用 style 样式属性分别为<thead>、<tbody>、<tfoot>设置不同的背景颜色。同时，为了使整个表格的宽度充满浏览器窗口的整行，可以利用 width 属性设置表格宽度为"500px"。图 3.13 对应的 HTML 代码如示例 3.10 所示。

　　示例 3.10

```
</html>
<head>
<title>tfoot 等分组用法</title>
</head>
<body>
<table width="500px">
<caption>年终数据报表</caption>
  <thead style="background: #0FF">
    <tr>
      <th>季度</th>
      <th>收入（RMB）</th>
    </tr>
  </thead>
  <tbody style=" background: #9CC">
    <tr>
      <td>1 季度</td>
      <td>3000</td>
    </tr>
    <tr>
      <td>2 季度</td>
      <td>2400</td>
    </tr>
      <tr>
      <td>3 季度</td>
      <td>4900</td>
    </tr>
```

```
        <tr>
            <td>4 季度</td>
            <td>4200</td>
        </tr>
    </tbody>
    <tfoot style="background: #FF0">
        <tr>
            <td>平均收入</td>
            <td>3825</td>
        </tr>
        <tr>
            <td>总计</td>
            <td>14500</td>
        </tr>
    </tfoot>
</table>
</body>
</html>
```

3.2.5 框架技术

框架可以将浏览器分成若干个子窗口，每个子窗口分别显示一个独立的页面。

1. <frameset>框架集

通过使用框架，可以在同一个浏览器窗口中显示不止一个页面。框架集的基本语法为：

```
<frameset cols="25%,50%,*" rows="50%,*" border="5">
    <frame src="the_first.html">
    <frame src="the_second.html">
    ……
</frameset>
```

可以这样理解，<frameset>其实就是一个大<table>，只不过整个页面是<table>的主体，而每一个单元格的内容都是一个独立的网页，给框架结构分栏用 cols 和 rows 属性，其中 cols 属性将页面分为几列，而 rows 属性则将页面分为几行，其中的值可以是百分比也可以是像素，上面语法中"*"代表占剩余的百分比，<frame>标签的 src 属性类似于<img>属性的 src，表示页面的路径。

下面介绍在 Dreamweaver 中创建框架集网页的步骤。打开 Dreamweaver 软件，选择"文件"→"新建"命令，选择框架集中适合自己需求的框架集，这里选择的是上下方固定的，如图 3.14 所示。

在代码窗口就会看到如下代码：

```
<frameset rows="80,*,80" frameborder="no" border="0" framespacing="0">
    <frame src="file:///E|/frhua/UntitledFrame-2" name="topFrame" scrolling="No" noresize="noresize" id="topFrame" />
    <frame src="file:///E|/frhua/Untitled-1" name="mainFrame" id="mainFrame" />
    <frame src="file:///E|/frhua/UntitledFrame-3" name="bottomFrame" scrolling="No" noresize="noresize" id="bottomFrame" />
</frameset>
</html>
```

图 3.14 选择合适的框架集

下面我们进行保存，选择"文件"→"保存全部"命令，整个框架保存成 frameset.html，将上方的框架网页保存成 top.html，中间的保存成 middle.html，下方的保存成 bottom.html，代码变成：

```
<frameset rows="80,*,80" frameborder="no" border="0" framespacing="0">
  <frame src="top.html" name="topFrame" scrolling="No" noresize="noresize" id="topFrame" />
  <frame src="middle.html" name="mainFrame" id="mainFrame" />
  <frame src="bottom.html" name="bottomFrame" scrolling="No" noresize="noresize" id="bottomFrame" />
</frameset>
```

对于每一个窗口我们都可以单独编辑，就像编辑普通网页一样。利用框架将窗口分成 3 行，最上面的窗口高度 80 像素，最下面的高度 80 像素，中间的窗口占据剩余的高度。使用 <frame> 标签的 src 属性引用各框架对应的页面文件，同时还可以使用 name 属性标识各框架窗口。noresize 属性设置是否允许调整各框架窗口的大小。scrolling 属性设置是否需要显示滚动条，上面和下面的框架网页都被设置成不可使用。Name 属性标识各个窗口的名称，用于后续建立框架窗口的关联。为了分清框架结构以及各个窗口对应的子页面，还可以将各个子页面单独放到文件夹 subframe1 中，src 修改为 subframe1/bottom.html。

2. 窗体之间的关联

同样的道理我们可以根据需要自己动手编写代码，制作一个如下的框架集，先把三个窗口网页制作好。首先制作上面的 top.html，为了简洁在上部只放一张图片，代码如下：

```
<html >
<head>
<title>top.html</title>
</head>
<body>
<p><img src="../images/jiyi.jpg" /></p>
</body>
</html>
```

效果如图 3.15 所示。

图 3.15　top 页面的效果

right1.html 页面的部分代码是：

```
<html >
<head>
<title>儿时记忆</title>
</head>
<body>
<p>儿时记忆一</p>
  <p><img alt="" src="../images/baomihua.jpg"/></p>
  </body>
</html>
```

效果如图 3.16 所示。

图 3.16　right1 的效果

right2.html 页面的部分代码是：

```
<html >
<head>
```

```
<title>儿时记忆</title>
</head>
<body>
    <p>儿时记忆二</p>
    <p><img alt="" src="../images/chuoguai.jpg"/></p>
</body>
</html>
```

图 3.17　right2 的效果

left.html 网页中呈现两段文字：儿时记忆一，儿时记忆二，分别链接 right1.html 和 right2.html，效果如图 3.18 所示。

图 3.18　left 页面的效果

部分代码如下：

```
<body>
<p><a href="right.html" target="main">儿时记忆一</a></p>
<p><a href="right.html" target="main">儿时记忆二</a></p>
```

```
</body>
```

如果想在左边点击"儿时记忆一",就能在右边窗口打开有关儿时记忆一的页面 right1.html,在左边点击"儿时记忆二",就能在右边窗口打开有关儿时记忆二的页面 right2.html,如何建立窗口之间的关联呢?各个子窗体的名称可以由 frame 的 name 属性设置,为子窗体命名后,就可以通过超链接的 target 属性指定该名称,改变该窗体显示的页面。

```
<frameset rows="200,*" cols="*" frameborder="no" border="0" framespacing="0">
    <frame src="top.html" />
    <frameset cols="40%,*" frameborder="yes" border="1" >
        <frame src="left.html" name="leftFrame" />
        <frame src="right.html"    name="main"/>
    </frameset>
</frameset>
```

在框架页面中,为右侧框架窗口添加 name 名称标识,例如 main,这样 left 的页面代码和框架集的代码对应起来,单击左侧窗口中的导航栏链接,在右侧窗口将显示对应的内容。在左侧窗口对应的页面中,设置超链接 target 目标窗口属性为希望显示的框架窗口名,在右侧窗口显示即为:

```
<a href="right.html" target="main">儿时记忆一</a>
```

图 3.19　窗体之间的关联

3. <iframe>内嵌框架

<iframe>内嵌框架常常用于一个网页中局域显示另外的网页。前面学习的框架集 <frameset>,它适合用于整个页面都用框架实现的场合。<iframe>内嵌框架基本语法如下:

```
<iframe src="引用的页面地址" width="" height="" scrolling="是否显示滚动条"    frameborder="边框"></iframe>
```

src:为被嵌入网页的地址。

Scrolling:是否有滚动条。Yes:有;no:无;auto:根据被显示 html 自动显示或隐藏。

Width:宽度。

Height:高度。高度、宽度可以为百分比,可以为具体高宽数值,不需要跟单位。通常需要设置高度、宽度具体数值。

将 360 网站的首页嵌入到我们自己的网页中代码如下：

```
<html >
<head>
<title>iframe 的使用</title>
</head>
<body>
    <p>在此网页中嵌入 360 网站的首页</p>
    <iframe width="80%" height="400px" src="http://www.360.cn/"></iframe>
    <p>上面就是利用 iframe 标签将 360 网站的首页嵌入到我们的网页中</p>
</body>
</html>
```

效果如图 3.20 所示。

图 3.20　iframe 标签的使用

3.3　工作场景训练

3.3.1　实现工作场景 1 的任务

有了前面的技术和知识准备，我们去完成场景中的任务，利用跨行跨列的表格知识，较容易完成场景任务 1，可以设置一个 7 行 4 列的表格，其中第一行第一个单元格用到了跨 4 列，第二行第一个单元格用到了跨 3 行，第五行第一个单元格用到了跨 3 行，代码如下：

场景任务 1 参考代码：

```
<html>
<head>
<title>跨行跨列练习</title>
</head>
<body>
```

```
<table width="500" border="1">
    <tr>
        <td colspan="4"><h2>商品分类</h2></td>
    </tr>
    <tr>
        <td rowspan="3">化妆品</td>
        <td>卸妆</td>
        <td>洁面</td>
        <td>爽肤水</td>
    </tr>
    <tr>
        <td>眼部护理</td>
        <td>精华</td>
        <td>面霜</td>
    </tr>
    <tr>
        <td>乳液</td>
        <td>面膜</td>
        <td>啫喱水</td>
    </tr>
    <tr>
        <td rowspan="3">护肤</td>
        <td>美容护肤</td>
        <td>美体</td>
        <td>精油</td>
    </tr>
    <tr>
        <td>彩妆</td>
        <td>香水</td>
        <td>美发</td>
    </tr>
    <tr>
        <td>个人护理</td>
        <td>保健</td>
        <td>按摩器械</td>
    </tr>
</table>
</body>
</html>
```

3.3.2　实现工作场景 2 的任务

根据前面图文布局的知识准备，实现场景任务 2 芙蓉商品分类的布局显示，可以设置一个 4 行 4 列的表格来进行布局，其中第一行第一个单元格跨 4 列显示化妆品图片，第二行第一个单元格无内容，从第二行第二个单元格到第四个单元格开始依次显示 3 个标题，第三行第一个单元格显示复选框，第三行第二个单元格显示化妆品图片，第三行第三个单元格显示说明，在说明中利用<p>标签隔行显示信息，第三行第四个单元格显示价格，利用<p>标签隔行显示价格信息，第四行与第三行结构一致。

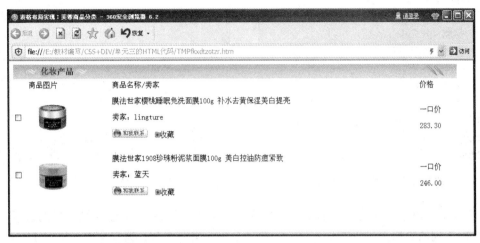

图 3.21 表格布局图文页面

场景任务 2 参考代码：

```
</html>
<head>
<title>表格布局实现：芙蓉商品分类</title>
 <body>
<table widtd="950" cellspacing="0" cellpadding="0">
   <tr>
     <td colspan="4"><img src="images/catlist_bg_2.jpg" alt="化妆品" /></td>
   </tr>
   <tr>
      <td></td>
     <td>商品图片</td>
     <td>商品名称/卖家</td>
     <td>价格</td>
   </tr>
    <tr>
     <td><input type="checkbox" name="chose" value="1" /></td>
     <td><img src="images/mianmo1.jpg" alt="alt" /></td>
     <td> <p>膜法世家樱桃睡眠免洗面膜 100g 补水去黄保湿美白提亮</p>
     <p>卖家：lingture </p>
     <p><img  src="images/online_pic.gif"  alt="alt"  />  <img  src="images/list_tool_fav1.gif"
alt="alt" />收藏</p></td>
     <td><p>一口价
     </p>
     <p>283.30</p></td>
   </tr>
   <tr>
      <td><input type="checkbox" name="chose" value="1" /></td>
```

```
    <td><img src="images/mianmo2.jpg" alt="alt" /></td>
    <td> <p>膜法世家 1908 珍珠粉泥浆面膜 100g 美白控油防痘紧致</p>
    <p>卖家：蓝天 </p>
    <p><img  src="images/online_pic.gif"  alt="alt"  />  <img  src="images/list_tool_fav1.gif"
alt="alt" />收藏</p></td>
    <td><p>一口价
    </p>
    <p>246.00</p></td>
  </tr>
</table>
</body>
</html>
```

3.3.3 实现工作场景 3 的任务

利用前面表格用于布局表单的知识，较容易完成场景任务 3 芙蓉商城注册的显示，利用一个 10 行 3 列的表格来进行布局，第一行第一个单元格跨 2 列，第二个单元格跨 11 行，第二行第一个单元格显示登录名，第二个单元格显示文本框和说明性文字，同样道理可以设置第三行到第九行，第十行第一个单元格无内容，第二个单元格放置相应内容，具体要求如下：

- 使用表格布局。
- 包含文本框、密码框、单选框、复选框及列表框。
- 包含隐藏域、文本域用法。
- 包含"提交"及"重置"按钮，"提交"按钮失败。
- 包含多行文本域，内容设置只读。

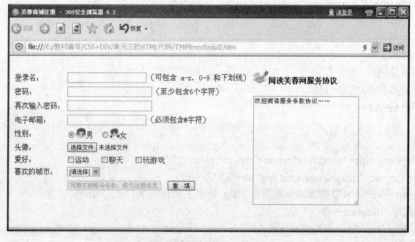

图 3.22 表格布局表单

场景任务 3 参考代码：

```
</html>
<head>
<title>芙蓉商城注册</title>
</head>
```

```
<body>
    <form method="post" action="register_success.htm">
    <table>
     <tbody>
     <tr>
         <td colspan="2"> </td>
         <td rowspan="11">
     <h4><img src="images/read.gif" alt="alt" />阅读芙蓉网服务协议</h4>
         <textarea name="textarea" cols="30" rows="15" readonly="readonly">欢迎阅读服务条款协
议……</textarea>
      </td>
     </tr>
     <tr>
       <td>登录名：</td>
       <td><input name="sname" type="text" size="24" />（可包含 a-z、0-9 和下划线）</td>
     </tr>
     <tr>
       <td>密码：</td>
       <td><input name="pass" type="password" size="26" />（至少包含 6 个字符）</td>
     </tr>
     <tr>
       <td>再次输入密码：</td>
       <td><input name="rpass" type="password" size="26" /></td>
     </tr>
     <tr>
       <td>电子邮箱：</td>
       <td><input name="email" type="text" size="24" />（必须包含@字符）</td>
     </tr>
     <tr>
       <td>性别：</td>
       <td>
          <input name="gen" type="radio" value="男" checked="checked" /><img src="images/Male.gif"
alt="alt" />男 
          <input name="gen" type="radio" value="女" /><img src="images/Female.gif" alt="alt" />女
       </td>
     </tr>
     <tr>
       <td>头像：</td>
       <td><input type="file" name="upfiles" /></td>
     </tr>
     <tr>
       <td>爱好：</td>
       <td>
       <input type="checkbox" name="checkbox" value="checkbox" />运动  
       <input type="checkbox" name="checkbox2" value="checkbox" />聊天  
          <input type="checkbox" name="checkbox3" value="checkbox" />玩游戏
```

```
                    </td>
                </tr>
                <tr>
                    <td>喜欢的城市：</td>
                    <td>
                        <select name="nMonth">
                            <option value="" selected="selected">[请选择]</option>
                            <option value="0">北京</option>
                            <option value="1">上海</option>
                        </select>
                    </td>
                </tr>
                <tr>
                    <td> </td>
                    <td>
                    <input type="hidden" name="from" value="regForm" />
                        <input type="submit" name="Button" value="同意右侧服务条款，提交注册信息" disabled="true"
/> <input type="reset" name="Reset" value=" 重    填 " />
                    </td>
                </tr>
            </tbody>
        </table>
    </form>
  </body>
</html>
```

3.4   重点问题分析

表格的跨行：表格的跨行效果类似于 Excel 中的竖向合并单元格的效果，例如下面的表格效果就需要用到跨行的功能来实现，并且是从最开始的单元格算起，第一行第一个单元格跨 6 行，如图 3.23 所示。

星期一	星期二	星期三	星期四	星期五
张艺谋	章子怡	李白	张韶涵	罗纳尔多
陈凯歌	巩俐	杜甫	孙燕姿	大卫·贝克汉姆
黄健中	杨紫琼	李商隐	王心凌	安德烈·舍甫琴科
冯小宁	张曼玉	刘禹锡	金莎	米罗斯拉夫·克洛泽
冯小刚	高圆圆	韩愈	林俊杰	罗克·圣克鲁斯

图 3.23　跨行

表格的跨列：表格的跨列效果类似于 Excel 中的横向合并单元格的效果，例如下面的表格效果就需要用到跨列的功能来实现，并且是从最开始的单元格算起，第一行第一个单元格跨 5 列，如图 3.24 所示。

值日表				
星期一	张艺谋	陈凯歌	黄健中	冯小宁	冯小刚
星期二	章子怡	巩俐	杨紫琼	张曼玉	高圆圆
星期三	李白	杜甫	李商隐	刘禹锡	韩愈
星期四	张韶涵	孙燕姿	王心凌	金莎	林俊杰
星期五	罗纳尔多	大卫·贝克汉姆	安德烈·舍甫琴科	米罗斯拉夫·克洛泽	罗克·圣克鲁斯

图 3.24　跨列

　　表格用来做图文布局和表单布局是表格应用的一大亮点，要注意分析使用几行几列的表格完成布局比较美观，布局合理，一般结合要呈现的图文信息和表单数据信息，确定需要的行列数，以及何处跨行何处跨列。

3.5　小结

　　本单元主要介绍了 HTML 中表格的知识，涉及表格的跨行跨列显示数据，表格用于图文布局和表单布局，以及表格显示报表的知识。通过场景任务 1 训练了跨行跨列显示数据，通过场景任务 2 训练了表格用于图文布局，通过场景任务 3 训练了表格用于表单布局。

单元四 CSS 样式表

在单元一曾提及 W3C 提倡的 Web 页结构是内容和样式分离，其中 XHTML 负责组织内容结构，CSS 负责表现样式。通过前面单元的学习，我们学会了如何使用 HTML 标签组织内容结构，并要求内容结构具有语义化。从本单元开始将学习表现样式的 CSS 部分。

单元要点

- 掌握 CSS 的基本语法
- 使用文本、字体、背景样式美化网页
- 使用盒子模型的相关属性实现页面布局

技能目标

- 能灵活运用 CSS 美化网页
- 能运用盒子模型布局网页

4.1 工作场景导入

【工作场景 1】

制作如工作场图 1 所示的页面效果。说明：
- 整个<div>总宽度 200px，背景：#CCCCCC 颜色。
- 列表项护肤品和饰品字体宋体、加粗、14px，颜色：#ff7300。
- 其余列表项的字体大小为 12px，颜色：#636362。

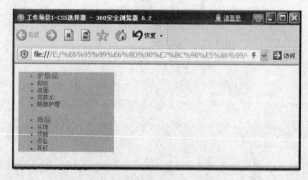

工作场景图 1 CSS 选择器

【工作场景 2】

运用列表属性和超链接伪类，实现如工作场景图 2 所示的导航菜单。说明：

- 整个<div>总宽度 800px，高度 35px，背景：#2779c3。
- 规定每个列表项的宽度 100px，字体大小为 16px，文本高度 35px。
- 对于链接的样式，所有链接编辑状态文本颜色为白色、加粗，未访问之前的链接文字设置为无下划线，点击访问后文字为黑色，鼠标放上去的颜色为橙色有下划线，鼠标按下去文本颜色为白色，无下划线。

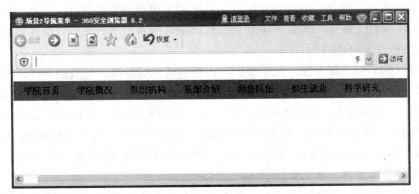

工作场景图 2　导航菜单

【工作场景 3】

合理运用 float 和 clear，规划实现如工作场景图 3 所示的布局结构。

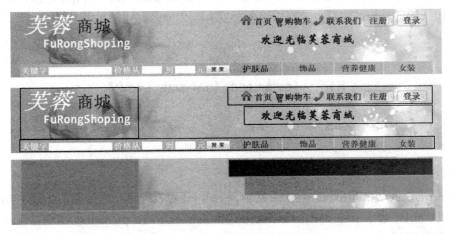

工作场景图 3　商城网站顶部布局

4.2　技术与知识准备

4.2.1　CSS 基础

1. 为什么使用 CSS

CSS 是 Cascading Style Sheets 的缩写，一般翻译为层叠样式表，W3C 的构想是 HTML 标签只表示内容结构，即只表示"这是一个段落"、"这是一个标题"、"这是一个项目列表"等含义，而不具备任何样式，而这些"段落"、"标题"等内容的字体类型、字号大小、演示、显示位置等样式完全由 CSS 指定，从而实现内容结构和样式的分离。使用 CSS 具有如下突出优势：

（1）实现内容和样式的分离，利于团队开发。由于当今社会竞争激烈，分工越来越细，开发一个网站需要美工和程序设计人员的配合，美工做样式，程序员写内容，分工协作、各司其职，将设计部分剥离出来放在一个独立样式文件中，HTML 文件中只存放文本信息。

（2）代码简洁，提高页面浏览速度，并且更利于搜索引擎的搜索。用只包含结构化内容的 HTML 代替嵌套的标签，减少了 Web 页的代码量，搜索引擎将更有效地搜索到你的网页内容，并可能给一个较高的评价。

（3）样式的调整更加方便，便于维护。内容和样式的分离，使页面和样式的调整变得更加方便，只要简单的修改几个 CSS 文件就可以重新设计整个网站的页面。同一网站的多个页面可以共用同一个样式表，提高网站的开发效率，实现样式复用，同时也方便对网站的更新和维护，如果需要更新网站外观，则更新网站的样式表文件即可。现在 YAHOO、MSN、网易、新浪等网站，均采用 DIV+CSS 的框架模式，更加印证了 DIV+CSS 是大势所趋。

2．CSS 的基本语法

CSS 规则由两个主要的部分构成：选择器和一条或多条声明。选择器通常是需要改变样式的 HTML 元素。每条声明由一个属性和一个值组成。属性（Property）是希望设置的样式属性（Style Attribute），每个属性有一个值，属性和值被冒号分开，使用花括号来包围声明。

下面这行代码的作用是将 h1 元素内的文字颜色定义为红色，同时将字体大小设置为 14 像素。在这个例子中，h1 是选择器，color 和 font-size 是属性，red 和 14px 是值，图 4.1 展示了上面这段代码的结构，注意每个声明结束都要有一个分号。

图 4.1　CSS 规则

要注意以下几个方面：

（1）值的不同写法和单位，除了英文单词 red，还可以使用十六进制的颜色值#ff0000：p { color: #ff0000;}，为了节约字节，可以使用 CSS 的缩写形式：p { color: #f00;}；还可以通过两种方法使用 RGB 值：p { color: rgb(255,0,0);}和 p { color: rgb(100%,0%,0%);}，当使用 RGB 百分比时，即使当值为 0 时也要写百分比符号。但是在其他的情况下就不需要这么做了。比如说，当尺寸为 0 像素时，0 之后不需要使用 px 单位，因为 0 就是 0，无论单位是什么。

（2）记得写引号，如果值为若干单词，则要给值加引号：p {font-family: "sans serif";}。

（3）如果要定义不止一个声明，则需要用分号将每个声明分开。下面的例子展示出如何定义一个红色居中的文字段落。最后一条规则可以不加分号，因为分号在英语中是一个分隔符号，不是结束符号。然而，大多数有经验的设计师会在每条声明的末尾都加上分号，这么做的好处是，当从现有的规则中增减声明时，会尽可能地减少出错的可能性。就像这样：p{text-align: center; color:red;}应该在每行只描述一个属性，这样可以增强样式定义的可读性。

```
p{
    text-align: center;
    color: black;
    font-family: arial;
}
```

（4）空格和大小写：大多数样式表包含不止一条规则，而大多数规则包含不止一个声明。多重声明和空格的使用使得样式表更容易被编辑，是否包含空格不会影响 CSS 在浏览器的工作效果，同样，与 XHTML 不同，CSS 对大小写不敏感，但推荐全用小写。不过存在一个例外：如果涉及与 HTML 文档一起工作的话，class 和 id 名称对大小写是敏感的。

```
body{
    color: #000;
    background: #fff;
    margin: 0;
    padding: 0;
    font-family: Georgia, Palatino, serif;
}
```

3．CSS 的应用方式

根据 CSS 代码放置的位置可以分为 3 种：

（1）内嵌样式（也叫行内样式）：以属性形式直接在 HTML 标记中给出，用于设置该标记所定义的信息效果。例如：

```
<body style ="background-color:#ccffee;">
<p style="font-size:16px;color:red";>第一段</p>
</body>
```

这里不提倡这种使用方式，因为没有实现样式和内容分离。

（2）内部样式表：在<head>标记中给出，可以同时设置多个标记所定义的信息效果，对当前页面有效，本单元多采取这种样式，但要知道内部样式表并没有彻底实现样式和内容分离。例如：

```
<html>
<head>
<style type = "text/css">
    选择器{属性:属性值;}
</style>
</head>
<body>
</body>
</html>
```

（3）外部样式表：保存在扩展名为.css 的外部文件中，在使用的 HTML 页面中可以引用。这种外部样式表可以被用到多个 HTML 页面中，是我们提倡使用的，因为彻底实现了样式和内容分离。

4．选择器的分类

选择器（Selector）是 CSS 中很重要的概念，所有 HTML 语言中的标记都是通过不同的 CSS 选择器进行控制的。用户只需要通过选择器对不同的 HTML 标签进行控制，并赋予各种样式声明，即可实现各种效果。根据选择器所修饰的内容类别，可以将选择器分为以下 3 类：

（1）标签选择器，就是 HTML 标签，如<body>、<table>、<li>标签等，当需要对页面中某种标签进行修饰时，采用标签选择器，一个完整的 HTML 页面是由很多不同的标签组成，而标签选择器，则是决定哪些标签采用相同的 CSS 样式。在大环境中你可能处于不同的位置，但是不管怎么样，你总是穿着同一套衣服，这件衣服就是由标签选择器事先给你限定好的，不管走到哪里，都是这身衣服。比如，在 style.css文件中对 p 标签样式的声明如下：

```
p{
    font-size:12px;
    background:#900;
    color:090;
}
```

页面中所有 p 标签的背景都是#900（红色），文字大小均是 12px，颜色为#090（绿色），这在后期维护中，如果想改变整个网站中 p 标签背景的颜色，只需要修改 background 属性就可以了。

如希望页面中所有项目列表的样式为：字体大小为 28px、红色、隶书，那么对应的 CSS 代码如示例 4.1 所示。

示例 4.1

```
<html>
<head>
<title>商品分类-标签选择器</title>
 <style type="text/css">
    li{color:red;font-size:28px;font-family:隶书; }
 </style>
</head>
<body>
    <div>
        <ul>
            <li>护肤品</li>
            <li>饰品</li>
            <li>营养健康</li>
            <li>女装</li>
        </ul>
    </div>
</body>
</html>
```

效果如图 4.2 所示。

（2）类选择器，使用标签选择器的范围较广，如果希望设置个别<li>元素的样式和其他<li>元素不同，如何实现？就是要用类选择器，它是在一个点后面跟样式名，然后在大括号里面写样式，如.style1{color:#ff0000;}。若修改示例 4.1，希望列表项"护肤品"和"营养健康"显示为蓝色，应该首先在列表项"护肤品"和"营养健康"的<li>中使用 class 属性，为属性赋值，如<li class="blue">，然后定义类样式表.blue{color:blue;}，不要忘记 blue 前面的点。对应代码如示例 4.2 所示。

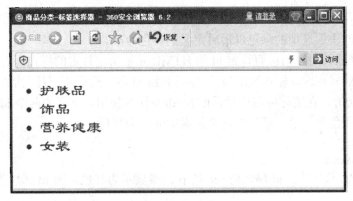

图 4.2　标签选择器

示例 4.2

```
<html>
<head>
<title>商品分类-标签选择器</title>
 <style type="text/css">
    li{color:red;font-size:28px;font-family:隶书; }
    .blue{color:blue;}
 </style>
</head>
<body>
    <div>
        <ul>
        <li>护肤品</li>
        <li>饰品</li>
        <li>营养健康</li>
        <li>女装</li>
        </ul>
        </div>
</body>
</html>
```

效果如图 4.3 所示。

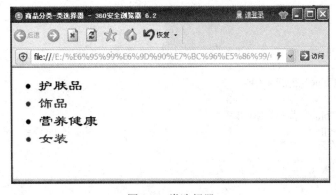

图 4.3　类选择器

需要说明的是，样式是叠加和继承的，CSS 规定后定义的样式覆盖前面定义的样式，"护肤品"和"营养健康"选项的颜色以最后定义的蓝色为准。

（3）id 选择器，可以为标有特定 id 的 HTML 元素指定特定的样式。对某一具有 id 属性的一个标签进行样式指定，样式写法为一个#号后跟 id 名，然后是一对大括号里面写样式。如 #div1{color:#ff0000}，在实际应用中经常配合<div>标签使用。下面的两个 id 选择器，第一个可以定义元素的颜色为红色，第二个定义元素的颜色为绿色：

> #red{color:red;}
> #green{color:green;}

下面的 HTML 代码中，id 属性为 red 的 p 元素显示为红色，而 id 属性为 green 的 p 元素显示为绿色。

> <p id="red">这个段落是红色。</p>
> <p id="green">这个段落是绿色。</p>

id 所定义的属性只能在每个 HTML 文档中出现一次，而且仅一次，就像在你所处的环境中，只有一个 id（身份证），不可能重复！很明显，id 选择器和类选择器的用途刚好相反：id 选择器用于修饰某个指定的页面元素或者区块，这些样式是对应 id 标识的 HTML 元素所独占的；而类选择器是定义某类样式让多个 HTML 元素共享的。例如修改示例 4.2，如图 4.3 所示，将整个列表项看做一个带 id 标识的 div 块，希望对这个块进行字体、宽度、背景颜色的修饰，实现如下，首先将所有列表项内容放入到一个 div 块中，并设置唯一的 id 标识属性，然后根据 id 标识，定义对应的 id 选择器。

示例 4.3

```
<html>
<head>
<title>商品分类-id 选择器</title>
 <style type="text/css">
  #menu{
      font-size:14px;
      font-family:"宋体";
      width:200px; background-color:#CCCCCC;
  }
  li{color:red;font-size:28px;font-family:隶书; }
  .blue{color:blue;}
</style>
</head>
<body>
    <div id="menu">
        <ul>
        <li class="blue">护肤品</li>
        <li>饰品</li>
        <li class="blue">营养健康</li>
        <li>女装</li>
    </ul>
    </div>
</body>
</html>
```

图 4.4　id 选择器

4.2.2　常用的样式修饰

1. 用 CSS 设置文本及字体样式

制作页面时，最先考虑的就是页面的文本属性，文本属性用于定义文本的外观，包括文本对齐方式、修饰属性、缩进属性、行高、字符间距、颜色等，常用的文本属性如下所示。

（1）文本对齐属性（text-align），这个属性用来设定文本的对齐方式。有以下值：

- left（居左，缺省值）
- right（居右）
- center（居中）
- justify（两端对齐）

示例代码如下：

示例 4.4

```
<html>
<head>
<title>文本对齐属性 text-align</title>
<style type="text/css">
    .p1{text-align:left}
    .p2 {text-align:right}
    .p3{text-align:center}
</style>
</head>
<body>
    <p class = "p1">这段的本文对齐属性(text-align)值为居左。</p>
    <p class = "p2">这段的本文对齐属性(text-align)值为居右。</p>
    <p class = "p3">这段的本文对齐属性(text-align)值为居中。</p>
</body>
</html>
```

效果如图 4.5 所示。

（2）文本修饰属性（text-decoration），这个属性主要设定文本划线的属性。有以下值：

- none（无，缺省值）
- underline（下划线）

- overline（上划线）
- line-through（当中划线）

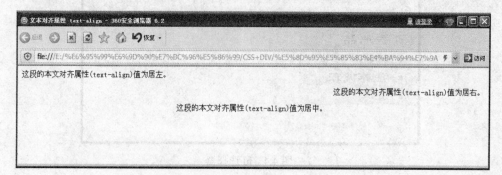

图 4.5 文本对齐属性（text-align）

示例代码如下：

示例 4.5

```
<html>
<head>
<title>文本修饰属性 text-decoration</title>
<style type="text/css">
    .p1 {text-decoration: none}
    .p2 {text-decoration: underline}
    .p3 {text-decoration: line-through}
    .p4 {text-decoration:overline}
</style>
</head>
<body>
    <p class = "p1">文本修饰属性(text-decoration)的缺省值是 none。</p>
    <p class = "p2">这段的文本修饰属性(text-decoration)值是 underline。</p>
    <p class = "p3">这段的文本修饰属性(text-decoration)值是 line-through。</p>
    <p class = "p4">这段的文本修饰属性(text-decoration)值是 overline。</p>
</body>
</html>
```

效果如图 4.6 所示。

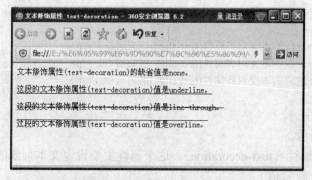

图 4.6 文本修饰属性（text-decoration）

（3）文本缩进属性（text-indent），这个属性设定文本首行缩进。其值有以下设定方法：

● length（长度，可以用绝对单位（cm, mm, in, pt,pc）或者相对单位（em, ex, px））

● percentage（百分比，相当于父对象宽度的百分比）

示例代码如下：

示例 4.6

```
<html>
<head>
<title>文本缩进属性  text-indent</title>
<style type="text/css">
    .p1 {text-indent: 8mm}
    .d1 {width:300px}
    .p2 {text-indent:50%}
</style>
</head>
<body>
    <p>下面两段都设定 CSS 文本缩进属性(text-indent)，第一段用长度方法设值，第二段用百分比方法设值。
</p>
    <p class = "p1">马云说："我们与竞争对手最大的区别就是我们知道他们要做什么，而他们不知道我们想做什么。我们想做什么，没有必要让所有人知道。"
</p>
    <div class = "d1">
<p class = p2>马云说："我们与竞争对手最大的区别就是我们知道他们要做什么，而他们不知道我们想做什么。我们想做什么，没有必要让所有人知道。"
</p>
    </div>
</body>
</html>
```

效果如图 4.7 所示。

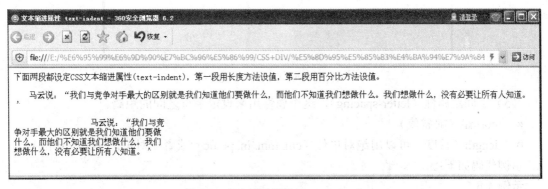

图 4.7　文本缩进属性（text-indent）

（4）行高属性（line-height），这个属性设定每行之间的距离。其值有以下设定方法：

● normal（缺省值）

● length（长度，可以用绝对单位（cm, mm, in, pt,pc）或者相对单位（em, ex, px））

● percentage（百分比，相当于父对象高度的百分比）

示例代码如下：

示例 4.7

```
<html>
<head>
<title>行高属性  line-height</title>
<style type="text/css">
    .p1 {line-height:1cm}
    .p2 {line-height:2cm}
</style>
</head>
<body>
    <p class = "p1">这个段落的 CSS 行高属性(line-hight)值为 1cm，即每行之间的距离是 1 厘米。这个段
落的 CSS 行高属性(line-hight)值为 1cm，即每行之间的距离是 1 厘米。</p>
    <p class = "p2">这个段落的 CSS 行高属性(line-hight)值为 2cm，即每行之间的距离是 2 厘米。这个段
落的 CSS 行高属性(line-hight)值为 2cm，即每行之间的距离是 2 厘米。</p>
</body>
</html>
```

效果如图 4.8 所示。

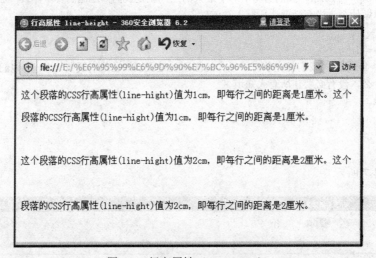

图 4.8　行高属性（line-height）

（5）字间距属性（letter-spacing），这个属性用来设定字符之间的距离。

● normal（缺省值）

● length（长度，可以用绝对单位（cm, mm, in, pt, pc）或者相对单位（em, ex, px））

示例代码如下：

示例 4.8

```
<html>
<head>
<title>字间距属性  letter-spacing</title>
<style type="text/css">
    .p1 {letter-spacing: 3mm}
```

```
    </style>
    </head>
    <body>
        <p>这段没有设置字间距属性(letter-spacing)。</p>
        <p class = "p1">这段设定字间距属性(letter-spacing)值为 3 毫米。</p>
    </body>
    </html>
```

图 4.9　字间距属性(letter-spacing)

字体属性用于定义字体类型、字号大小、字体是否加粗等，常用的字体样式如下所示：

1）字体名称属性（font-family），这个属性设定字体名称，如宋体、Arial、Tahoma、Courier 等。

2）字体大小属性（font-size），这个属性可以设置字体的大小。字体大小的设置可以有多种方式，最常用的就是 pt 和 px（pixel）。

3）字体风格属性（font-style），这个属性有三个值可选：normal、italic、oblique。normal 是缺省值，italic、oblique 都是斜体显示。

4）字体浓淡（粗细）属性（font-weight），这个属性常用值是 normal 和 bold，normal 是缺省值。

5）字体属性（font），这个属性是各种字体属性的一种快捷的综合写法。这个属性可以综合字体风格属性（font-style）、字体浓淡属性（font-weight）、字体大小属性（font-size）、字体名称属性（font-family）等，而且书写时也要按照这个顺序。font 有时候经常缩写为"font 粗细大小/行高 字形类型;"的格式，此格式要求至少需要两个属性：字体大小和类型，如代码可以为："font:12px/28px 宋体;"。

2. 用 CSS 设置网页图片和背景

背景属性用于定义页面元素的背景色或背景图片，同时还可以精确控制背景出现的位置、平铺方向等，常用的背景属性如下所示：

（1）背景颜色属性（background-color），这个属性为 HTML 元素设定背景颜色，相当于 HTML 中 bgcolor 属性。

body {background-color:#99FF00;}

上面的代码表示 body 这个 HTML 元素的背景颜色是翠绿色的。

（2）背景图片属性（background-image），这个属性为 HTML 元素设定背景图片，相当于

HTML 中 background 属性。

```
<body style="background-image:url(../images/css_tutorials/background.jpg)">
```

上面的代码为 Body 这个 HTML 元素设定了一个背景图片。

（3）背景重复属性（background-repeat），这个属性和 background-image 属性连在一起使用，决定背景图片是否重复。如果只设置 background-image 属性，没设置 background-repeat 属性，在缺省状态下，图片既横向重复，又竖向重复。

- repeat-x：背景图片横向重复。
- repeat-y：背景图片竖向重复。
- no-repeat：背景图片不重复。

```
body{
    background-image:url(../images/css_tutorials/background.jpg);
    background-repeat:repeat-y;
}
```

上面的代码表示图片竖向重复。

（4）背景附着属性（background-attachment），这个属性和 background-image 属性连在一起使用，决定图片是跟随内容滚动，还是固定不动。这个属性有两个值，一个是 scroll，一个是 fixed。缺省值是 scroll。

```
body{background-image:url(../images/css_tutorials/background.jpg);
    background-repeat:no-repeat;
    background-attachment:fixed;
}
```

上面的代码表示图片固定不动，不随内容滚动而动。

（5）背景位置属性（background-position），这个属性和 background-image 属性连在一起使用，决定了背景图片的最初位置。

```
body
{background-image:url(../images/css_tutorials/background.jpg);
    background-repeat:no-repeat;
    background-position:20px 60px
}
```

上面的代码表示背景图片的初始位置距离网页最左面 20px，距离网页最上面 60px。

（6）背景属性（background），这个属性是设置背景相关属性的一种快捷的综合写法，包括 background-color、background-image、background-repeat、background-attachment、background-position。

```
body
{background:#99FF00 url(../images/css_tutorials/background.jpg) no-repeat fixed 40px 100px}
```

上面的代码表示，网页的背景颜色是翠绿色，背景图片是 background.jpg 图片，背景图片不重复显示，背景图片不随内容滚动而动，背景图片距离网页最左面 40px，距离网页最上面 100px。

下面代码演示不重复情况，背景重复属性（background-repeat）其他 3 种情况的代码只是把样式表的属性值进行相应的修改即可，不在此处写出。

示例 4.9

```
<html>
<head>
```

```
<title>不平铺-背景属性</title>
  <style type="text/css">
     body{ background:url(images/libie.jpg) no-repeat; }
  </style>
</head>
<body>
  <div></div>
</body>
</html>
```

四种平铺效果如图 4.10 所示。

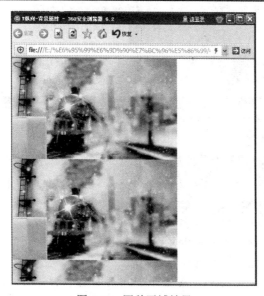

图 4.10　四种平铺效果

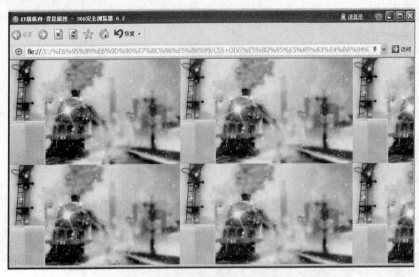

图 4.10　四种平铺效果（续图）

　　背景图默认从被修饰元素的左上角开始显示图像，这个位置认为是原点（0px，0px），向右是 X 轴正方，向下是 Y 轴正方向，可以使用 background-position 属性设置背景图出现的位置，即背景出现一定的偏移量，它可以使用具体数据、百分比、关键词三种方式表示水平和垂直方向的偏移量。如某个方向的坐标为正，即正偏移，则背景图向右或向下偏移；相反，则出现负偏移，背景向左或向上偏移，各种偏移效果如图 4.11 所示。

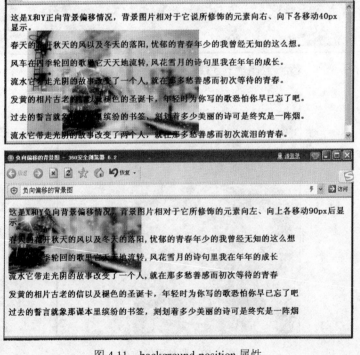

图 4.11　background-position 属性

　　网页开发中常见的应用是利用背景坐标的偏移，截取一张背景图中某部分内容。为了减少客户端从服务器下载图片的次数，提高服务器的性能，现在比较流行的做法是将多张图片拼合为一张大图片，然后再利用 background-position 属性截取其中的各个小图，如圆角矩形效果、菜单或导航的小图标等，这种技术称为 CSS Sprite 技术，下面重点讲解如何从大图中截取各个小图，如图 4.12 所示。

图 4.12　含小图标的背景图

　　利用图标截取技术制作图 4.13 的效果，可以将文字内容分别放入三个<div>标签中，设置三个标签为同一个背景："background:url(images/icon.gif)no-repeat;)"因为各个小图标的位置不同，因此设置三个<div>标签的 class 属性，利用图片处理工具量出要截取的图标所要偏移的量，另外为了美观起见，还需要设置 div 宽度、行高、对齐方式等，设置 div 的宽度使它能够显示出完整的图标和文字，设置 div 的高度目的也是使之能够显示出完整的图标和文字，此外最好再设置一下 div 中文字的行高与 div 的高度一致，这样文字就会在"块"中垂直居中，设置文字对齐方式为右对齐是为了留出左边空间"盛放"图标。完整的 CSS 代码如示例 4.9 所示，效果如图 4.13 所示。

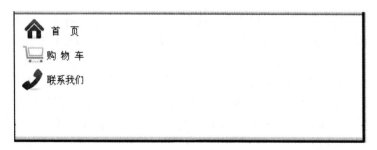

图 4.13　利用背景偏移取图标

示例 4.9

```
<html >
<head>
<title>背景偏移截取图标</title>
<style type="text/css">
```

```
    div{ width:110px; line-height:40px; height:40px;
        text-align:right;background:url(images/icon.jpg) no-repeat;
    }
    .home{background-position:-116px -284px; }
    .shopping{background-position:-256px -35px;}
    .contact{ background-position:-74px -80px;}
</style>
</head>
<body>
    <div class="home">首  页 </div>
    <div class="shopping">购 物 车</div>
    <div class="contact">联系我们</div>
</body>
</html>
```

3. 用 CSS 设置列表

CSS 列表属性允许放置、改变列表项标志，或者将图像作为列表项标志。从某种意义上讲，不是描述性的文本的任何内容都可以认为是列表。因此常见的商品分类列表或导航菜单一般都使用 ul-li 结构实现的。下面具体介绍列表的属性。

（1）列表样式类型属性（list-style-type），这个属性用来设定列表项标记的类型。主要有以下值：

- disc（缺省值，黑圆点）
- circle（空心圆点）
- square（小黑方块）
- decimal（数字排序）
- none（无列表项标记）

除此之外还有一些大小写的字母和罗马数字。

（2）列表样式位置属性（list-style-position），这个属性（list-style-position）有两个值：

- outside（以列表项内容为准对齐）
- inside（以列表项标记为准对齐）

（3）列表样式图片属性（list-style-image），列表项标记可以用图片来表示，用列表样式图片属性（list-style-image）来设定图片。可以这样写：ul {list-style-image: url(../images/css_tutorials/dot02.gif)}。

（4）列表样式属性（list-style），这个属性是设定列表样式的一个快捷的综合写法。用这个属性可以同时设置列表样式类型属性（list-style-type）、列表样式位置属性（list-style-position）和列表样式图片属性（list-style-image）。可以这样写：ul {list-style:circle inside url(../images/css_tutorials/dot02.gif)}。

和实际应用的导航菜单相比，只是单纯地利用列表是不行的，应去掉列表项<li>默认的原点符号，并且需要将排列方式改为横向排列。如何实现这样效果呢？就是使用列表<li>的 list-style 属性和 float 的属性，list-style 属性设置为 none，取消掉默认列表符号，然后使各个列表项排列到一排，就要用到 float 属性了，所以下面介绍 float。

float 属性定义元素在哪个方向浮动。以往这个属性总应用于图像，使文本围绕在图像周围，不过在 CSS 中，任何元素都可以浮动。浮动元素会生成一个块级框，而不论它本身是何种元素。如果浮动非替换元素，则要指定一个明确的宽度；否则，它们会尽可能地窄。假如在一行之上只有极少的空间可供浮动元素，那么这个元素会跳至下一行，这个过程会持续到某一行拥有足够的空间为止。

　　float 属性用于定义元素的浮动方向，它实际上不是列表<li>具有的独特属性，而是所有元素都支持的 CSS 属性，它可以改变块级元素默认的换行显示方式，即显示时不再"换行"。此处仅用于将纵向排列项改为横向排列，对应的 CSS 样式应设置为左浮动"float:left"，表示列表项都向左浮动，从而实现横向排列的效果。其具体用法和含义将在后续单元详细讲解。除此外，确保各列表项之间的间隔，还需使用 width 属性设置宽度，图 4.14 和图 4.15 是设置属性前后的效果图，对应的完整 CSS 代码如下：

图 4.14　未修饰的导航菜单

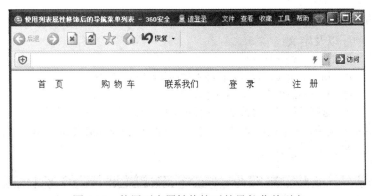

图 4.15　使用列表属性修饰后的导航菜单列表

　　示例 4.10

```
<html>
<head>
<title>使用列表属性修饰后的导航菜单列表</title>
<style type="text/css">
    li{list-style:none;float:left; width:120px;}
</style>
</head>
```

```
<body>
    <div>
        <ul>
            <li>首  页 </li>
            <li>购 物 车</li>
            <li>联系我们</li>
            <li>登  录</li>
            <li>注  册</li>
        </ul>
    </div>
</body>
</html>
```

4. 用 CSS 设置超链接

在单元一时，我们学习了超链接的用法，作为 HTML 中常用的标签，同时也是 HTML 区别其他标识语言的最重要特点，超链接的样式有其显著的特殊性：当作为某文本或图片设置超链接时，文本或图片标签将继承超链接的默认样式，标签的原默认样式将失效，它们会自动改变样式，文字会变成蓝色并且会有下划线，图片则会在四周有蓝色边框，单击链接前为蓝色，单击后为紫色。可以使用 CSS 改变超链接的样式。

上述提及链接单击前和单击后的样式变化，其实是超链接的默认伪类样式。所谓伪类，就是 CSS 内置类，CSS内部本身赋予它一些特性和功能，不用再利用 class=""或 id=""进行设置，可以直接拿来使用，伪类对元素进行分类是基于特征的而不是它们的名字、属性或者内容，而根据标签处于某种行为或状态时的特征来修饰样式。伪类可以对用户与文档交互时的行为做出响应，伪类样式的基本语法为：

标签名:伪类名{属性:属性值;}

最常用的伪类是超链接伪类，要注意顺序，可以在花括号中写颜色或者其他样式代码，链接样式的定义顺序以及定义：

a:link {}   /*未访问的链接样式*/
a:visited {}   /*已访问的链接，也就是已经看过的超级链接样式*/
a:hover {}   /*当有鼠标悬停在链接上的样式*/
a:active {}   /*被选择的链接，也就是当鼠标左键按下时，超级链接的样式*/

提示：在 CSS 定义中，a:hover 必须被置于 a:link 和 a:visited 之后才是有效的，a:active 必须被置于 a:hover 之后才是有效的。

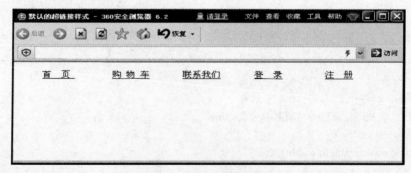

图 4.16 默认的超链接样式

假定要实现超链接未访问时是红色，访问过后是绿色，鼠标悬浮在上是橙色，鼠标点中激活是蓝色，需要注意的是<a href="#">中的空链接更改为实际链接的页面，才会看到伪类样式效果，需要设置的代码如下：

示例 4.11

```
<html>
<head>
<title>设置自己想要的超链接样式</title>
<style type="text/css">
  li{list-style:none;float:left; width:120px;}
  a:link {color: #FF0000}          /*未被访问的链接 红色*/
  a:visited {color: #00FF00}       /*已被访问过的链接 绿色*/
  a:hover {color: #FFCC00}         /*鼠标悬浮在上的链接 橙色*/
  a:active {color: #0000FF}        /*鼠标点中激活链接 蓝色*/
</style>
</head>
<body>
    <div>
        <ul>
            <li><a href="#">首  页 </a></li>
            <li><a href="#">购 物 车</a></li>
            <li><a href="#">联系我们</a></li>
            <li><a href="#">登  录</a></li>
            <li><a href="#">注  册</a></li>
        </ul>
    </div>
</body>
</html>
```

在实际应用中，一个页面中有很多链接，如果希望只改变某一部分的链接样式，或者不同部分使用不同的链接样式，如只改变导航菜单部分的链接样式，就需要限定超链接样式的范围，可以使用类或 ID 样式来实现，但实际应用中更流行的做法是采用"父级元素+空格+子元素"表示区域限制的选择器。例如，对于以下导航菜单结构，假定希望只修改上述<div>块内的<li>标签，则选择器为 div li{样式代码……}；为了进一步限制类样式为 nav 的<div>块，则选择器为.nav li{样式代码……}；再如，描述上述结构中的链接样式，则选择器为.nav li a{样式代码……}这样做的好处是可读性强，减少了不必要的类选择器命名。上述示例代码可以更改如下：

示例 4.12

```
<html>
<head>
<title>样式修饰范围的用法</title>
<style type="text/css">
  .navigation li{list-style:none;float:left; width:120px;}
  .navigation li a:link {color: #FF0000}      /*未被访问的链接 红色*/
  .navigation lia:visited {color: #00FF00}     /*已被访问过的链接 绿色*/
  .navigation lia:hover {color: #FFCC00}       /*鼠标悬浮在上的链接 橙色*/
```

```
    .navigation lia:active {color: #0000FF}        /*鼠标点中激活链接  蓝色*/
</style>
</head>
<body>
    <div class="navigation">
        <ul>
            <li><a href="#">首  页 </a></li>
            <li><a href="#">购 物 车</a></li>
            <li><a href="#">联系我们</a></li>
            <li><a href="#">登  录</a></li>
            <li><a href="#">注  册</a></li>
        </ul>
    </div>
</body>
</html>
```

在实际应用中，可以利用 CSS 样式的集成特点，先定义四种状态统一的样式，然后再根据需要定义个别状态的样式，关键代码即为：

a{color:#333;}/*4 个伪类采用统一样式（含 link)*/

a:hover{color:#ffo;}/*再单独为鼠标悬浮定义特殊样式*/

/*如还有需要，则可以再写 a:visited 和 a:active*/

还有如果链接源是图片，为防止图片加入链接后出现 2px 边框，一般会在 CSS 文件开头加入"img{border:0px;}"。

4.2.3 盒子模型

前面曾讲到过 CSS 样式的两大用途，分别是页面元素修饰和页面布局，现在学习如何实现页面布局，我们将围绕页面布局，依次介绍盒子模型及相关属性和应用。

基于 CSS+DIV 技术的"盒子模型"的出现大大代替了传统的 table 表格嵌套。可以把"盒子模型"看成是网页的一个区块，也可以把它看成是大区块中的一个"区块元素"。既然是区块，"盒子模型"自然就会占据一定的空间。区块边缘的样式如何定义？区块与其他区块之间的距离怎么样？诸如此类的问题就引出了今天我们的话题——盒子模型的技术。页面上的每个元素都被浏览器看成是一个矩形的盒子，这个盒子由元素的内容、填充、边框和边界组成。网页就是由许多个盒子通过不同的排列方式（上下排列、并列排列、嵌套排列）堆积而成。盒子模型主要适用于块级元素。

4.2.3.1 盒子模型

什么是 CSS 的盒子模型呢？为什么叫它盒子？先说说我们在网页设计中常听的属性名：内容（content）、填充（padding）、边框（border）、边界（margin），CSS 盒子模型都具备这些属性。

这些属性我们可以把它转移到我们日常生活中的盒子（箱子）上来理解，日常生活中所见的盒子也具有这些属性，所以叫它盒子模型。内容 content 就是盒子里装的东西；而填充 padding（也叫内边距，位于边框内部，是内容与边框的距离）就是怕盒子里装的东西（贵重的）损坏而添加的泡沫或者其他抗震的辅料；边框 boder 就是盒子本身了；至于边界 margin（也叫外边距，位于边框外部，是边框外面周围的间隙）则说明盒子摆放的时候不能全部堆在一起，要留一定空隙保持通风，同时也为了方便取出，如图 4.17 所示。在网页设计上，内容常指文字、图片等元素，但是也可以是小盒子（DIV 嵌套），与现实生活中盒子不同的是，现实生活中的东西一般不能大于盒子，否则盒子会被撑坏的，而 CSS 盒子具有弹性，里面的东西大过盒子本身时最多把它撑大，但它不会损坏的。填充只有宽度属性，可以理解为生活中盒子里的抗震辅料厚度，而边框有大小和颜色之分，我们又可以理解为生活中所见盒子的厚度以及这个盒子是用什么颜色材料做成的，边界就是该盒子与其他东西要保留多大距离。

图 4.17　盒子模型平面结构

因为盒子是矩形结构，所以边框、填充（内边距）、边界（外边距）这些属性都分别对应上（top）、下（bottom）、左（left）、右（right）四个边，如图 4.18 所示，这四个边的设置可以不同。

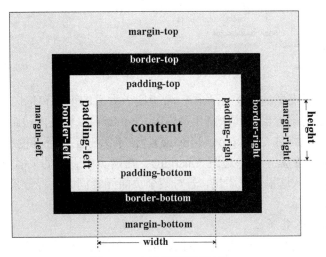

图 4.18　盒子模型平面结构 2

那么由图 4.18 可以看出，一个元素实际占据的宽度=左边界+左边框+左填充+内容宽度+右填充+右边框+右边界，高度与之相似，如图 4.19 所示。

这几个参数是盒子模型的基本属性名，通过 CSS 技术给这些属性定义不同的属性值，就可以达到丰富的效果，盒子模型 3D 结构如图 4.20 所示。

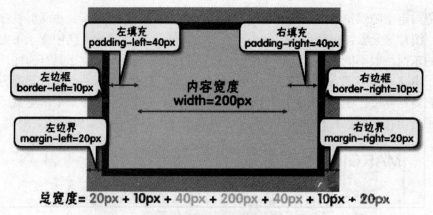

图 4.19　元素实际宽度

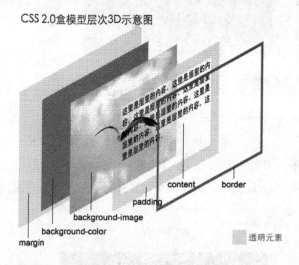

图 4.20　盒子模型 3D 结构

　　这里提供一张盒子模型的 3D 示意图，希望便于大家的理解和记忆。首先是盒子的边框（border），位于盒子的第一层。其次是元素内容（content）、填充内边距（padding），两者同位于第二层。再次是背景图（background-image），位于第三层。背景色（background-colour）位于第四层，最后是整个盒子的外边距（margin）。在网页中看到的页面内容，即为图 4.18 多层叠加的最终效果图，从这里可以看出，若对某个页面元素同时设置背景图和背景色，则背景图将在背景色的上方显示。

　　4.2.3.2　盒子模型及其属性

　　盒子属性一般是指边界（外边距）、边框、填充（内边距），下面具体介绍。

　　1. 边界（margin）

　　margin：包括 margin-top、margin-right、margin-bottom、margin-left，控制块级元素之间的距离，它们是透明不可见的，如果上右下左 margin 值均为 40px，代码可以为：

margin-top: 40px;

margin-right: 40px;

margin-bottom: 40px;

margin-left: 40px;

根据上、右、下、左的顺时针规则，可以简写为：margin: 40px 40px 40px 40px，为便于记忆，请参考图 4.21。

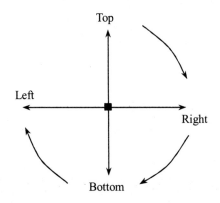

图 4.21　上右下左的顺时针规则

说明如下：可以使用 margin 属性一次设置四个方向的属性，也可以分别设置上、下、左、右个方向的属性，后续盒子其他属性同理；需要设为带单位的长度值，常用的长度单位一般是像素（px）。后续盒子其他属性同理；可以使用 margin 一次设置四个方向的值，但必须按顺时针方向依次代表上（top）、右（right）、下（bottom）、左（left）四个方向的属性值。如省略则按上下同值和左右同值处理，这些规则同样适用于后续讲解的边框、内边距。当上下左右 margin 值均一致，可简写为：margin: 40px。

如 margin:1px 2px 3px，等同于 1px 2px 3px 2px，就是采用的省略左值则按左右同值处理，左右外边距各为 2px。

margin:1px 2px 等同于 1px 2px 1px 2px，道理同上。

maigin:1px 等同于 1px 1px 1px 1px，表示 4 个都为 1px。

特殊位置：可以设置水平为 auto，表示让浏览器计算外边距，一般表现为水平居中效果，例如 margin:0px auto 表示在父级元素容器中水平居中（上、下外边距为 0px，左、右外边距自动计算）。

下面演示上下左右外边距宽度相同的情况，代码如示例 4.13 所示。

示例 4.13
```
<html>
<head>
<title>CSS 外边距属性 margin</title>
<style type="text/css">
.d1{border:10px solid #FF0000;}
.d2{border:5px solid gray;}
.d3{margin:1cm;border:1px solid gray;}
</style>
</head>
<body>
<div class="d1">
```

```
        <div class="d2">没有 margin</div>
    </div>
    <p>上面两个 div 没有设置边距属性(margin)，仅设置了边框属性(border)。外面那个 div 的 border 设为红
色，里面那个 div 的 border 属性设为灰色。</p>
    <hr>
    <p>和上面两个 div 的 CSS 属性设置唯一不同的是，下面两个 div 中，里面的那个 div 设置了边距属性
(margin)，边距为 1 厘米，表示这个 div 上下左右的边距都为 1 厘米。</p>
    <div class="d1">
        <div class="d3">margin 设为 1cm</div>
    </div>
    </body>
    </html>
```

效果如图 4.22 所示。

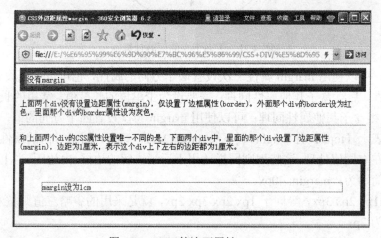

图 4.22　CSS 外边距属性 margin

2. 填充（padding）

padding 包括 padding-top、padding-right、padding-bottom、padding-left，控制块级元素内部 content 与 border 之间的距离，其代码与 margin 属性的写法比较类似。

至此，已经基本了解 margin 和 padding 属性的基本用法，但是，在实际应用中，却总是发生一些让你琢磨不透的事，而它们又或多或少与 margin 有关。当你想让两个元素的 content 在垂直方向（vertically）分隔时，既可以选择 padding-top/bottom，也可以选择 margin-top/bottom，建议尽量使用 padding-top/bottom 来达到目的，这是因为 CSS 中存在 collapsing margins（折叠的 margins）的现象。margin 折叠现象只存在于临近或有从属关系的元素，垂直方向的 margin 中。具体在此处不予说明，大家可以搜索资料查知相关知识。大家在网页布局时一定注意，很多细节方面的东西都会成为大家设计网页时的困扰！大家可以找到相关的文章仔细研读。

下面演示上下左右内边距宽度不同的情况，代码如示例 4.14 所示。

示例 4.14
```
<html>
<head>
<title>内边距属性 padding</title>
<style type="text/css">
```

```
        td {padding: 0.5cm 1cm 4cm 2cm}
    </style>
    </head>
    <body>
    <table border= "1">
        <tr>
            <td>这个单元格设置了 CSS 间隙属性。上间隙为 0.5 厘米，右间隙为 1 厘米，下间隙为 4 厘米，左
间隙为 2 厘米。
        </td>
        </tr>
    </table>
    </body>
    </html>
```

效果如图 4.23 所示。

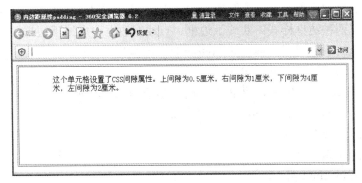

图 4.23　CSS 内边距属性 padding

3．边框（border）

元素的边框（border）是围绕元素内容和内边距的一条或多条线。CSS border 属性允许规定元素边框的样式、宽度和颜色。CSS 规范指出，边框绘制在"元素的背景之上"。这很重要，因为有些边框是"间断的"（例如，点线边框或虚线框），元素的背景应当出现在边框的可见部分之间。CSS 2 指出背景只延伸到内边距，而不是边框。后来 CSS 2.1 进行了更正：元素的背景是内容、内边距和边框区的背景。大多数浏览器都遵循 CSS 2.1 定义，不过一些较老的浏览器可能会有不同的表现。边框的样式 border-style、宽度 border-width、颜色 border-color 其实都包括上右下左四个方向的属性值，其写法和用法与 margin 相似。

（1）边框样式属性 border-style。

这个属性用来设定上下左右边框的风格，样式是边框最重要的一个方面，这不是因为样式控制着边框的显示，而是因为如果没有样式，将根本没有边框。CSS 的 border-style 属性定义了 10 个不同的样式，包括 none，那么如果把 border-style 设置为 none 会出现什么情况？比如 p {border-style: none; border-width: 50px;}尽管边框的宽度是 50px，但是边框样式设置为 none。在这种情况下，不仅边框的样式没有了，其宽度也会变成 0，边框消失了，为什么呢？这是因为如果边框样式为 none，即边框根本不存在，那么边框就不可能有宽度，因此边框宽度自动设置为 0，而不论您原先定义的是什么。记住这一点非常重要。事实上，忘记声明边框样式是一个常犯的错误，根据上述陈述，如果有 h1 {border-width: 20px;} 由于 border-style 的

默认值是 none，如果没有声明样式，就相当于 border-style: none，所以 h1 元素都不会有任何边框，更不用说 20 像素宽了。因此，如果希望边框出现，就必须声明一个边框样式。

它的值如下：

- none（没有边框，无论边框宽度设为多大）
- dotted（点线式边框）
- dashed（破折线式边框）
- solid（直线式边框）
- double（双线式边框）
- groove（槽线式边框）
- ridge（脊线式边框）
- inset（内嵌效果的边框）
- outset（突起效果的边框）

可以为一个边框定义多个样式，例如：p{border-style: solid dotted dashed double;}上面这条规则为段落定义了四种边框样式：实线上边框、点线右边框、虚线下边框和一个双线左边框。我们又看到了这里的值采用了 top-right-bottom-left 的顺序。

（2）边框宽度属性（border-width）。

这个属性用来设定上下左右边框的宽度，包含 border-top-width、border-right-width、border-bottom-width，border-left-width。它的值如下：

- medium（是缺省值）
- thin（比 medium 细）
- thick（比 medium 粗）
- 用长度单位定值。可以用绝对长度单位（cm, mm, in, pt, pc）或者用相对长度单位（em, ex, px）。

CSS 没有定义 3 个关键字的具体宽度，所以一个用户可能把 thin、medium 和 thick 分别设置为等于 5px、3px 和 2px，而另一个用户则分别设置为 3px、2px 和 1px。所以，我们可以这样设置边框的宽度：p {border-style: solid; border-width: 5px;}或者 p {border-style: solid; border-width: thick;}。

（3）边框颜色属性（border-color）。

这个属性用来设定上下左右边框的颜色。默认的边框颜色是元素本身的前景色。如果没有为边框声明颜色，它将与元素的文本颜色相同。另一方面，如果元素没有任何文本，假设它是一个表格，其中只包含图像，那么该表的边框颜色就是其父元素的文本颜色（因为 color 可以继承）。这个父元素很可能是 body、div 或另一个 table。我们刚才讲过，如果边框没有样式，就没有宽度。不过有些情况下您可能希望创建一个不可见的边框，CSS 2 引入了边框颜色值 transparent。这个值用于创建有宽度的不可见边框。请看下面的例子：

```
<a href="#">AAA</a>
<a href="#">BBB</a>
<a href="#">CCC</a>
```

为上面的链接定义如下样式：

```
a:link, a:visited {
```

```
        border-style: solid;
        border-width: 5px;
        border-color: transparent;
        }
a:hover {border-color: gray;}
```

从某种意义上说，利用 transparent，使用边框就像是额外的内边距一样；此外还有一个好处，就是能在你需要的时候使其可见。这种透明边框相当于内边距，因为元素的背景会延伸到边框区域（如果有可见背景的话）。

（4）边框属性（border）。

这个属性是边框属性的一个快捷的综合写法，它包含 border-style、border-width 和 border-color。上下左右四个边框不但可以统一设定，也可以分开设定。

设定上边框属性，可以使用 border-top、border-top-width、border-top-style、border-top-color。

设定右边框属性，可以使用 border-right、border-right-width、border-right-style、border-right-color。

设定下边框属性，可以使用 border-bottom、border-bottom-width、border-bottom-style、border-bottom-color。

设定左边框属性，可以使用 border-left、border-left-width、border-left-style、border-left-color。

大部分 HTML 元素的盒子属性（margin，padding）默认值都为 0；有少数 HTML 元素的（margin，padding）浏览器默认值不为 0，例如：body、p、ul、li、form 标记等，因此有时有必要先设置它们的这些属性为 0。input 元素的边框属性默认不为 0，可以设置为 0 达到美化表单中输入框和按钮的目的。

下面看个具体的例子，体会一下 margin 和 padding，部分代码和效果如下，为了大家看清楚，分别为 body 和 div 加了不同的背景。在没有进行其他设置的情况下，效果如图 4.24 所示，可以看出块 div 并没有紧贴 body 的上和左右，body 标签默认有上、右、左外边距，将这些外边距设置为 0px，效果如图 4.25 所示。

图 4.24　默认情况

```
<style type="text/css">
    body{ background-color:#00FFFF;}
    div{ background-color:#FF6699}
</style>
<body>
<div>基本盒子模型</div>
</body>
```

样式修改为：

```css
<style type="text/css">
    body{ background-color:#00FFFF; margin:0px;}
    div{ background-color:#FF6699}
</style>
```

图 4.25　body 的 margin 置 0

如果给块一个宽度和高度，代码如下：

```css
<style type="text/css">
    body{ background-color:#00FFFF; margin:0px;}
    div{ background-color:#FF6699;width:200px; height:200px;}
</style>
```

效果如图 4.26 所示。

图 4.26　div 增加宽高属性

如果改变文字在 div 中的位置，就要使用 padding，代码如下：

```css
<style type="text/css">
    body{ background-color:#00FFFF; margin:0px;}
    div{ background-color:#FF6699;width:200px; height:200px;
        padding:10px;/*改变文字在 div 中的位置，就要使用 padding*/
        }
</style>
```

效果如图 4.27 所示。

虽然我们给定了 div 的宽和高，但是如果 div 的内容很多，盒子容纳不下时，就会出现如图 4.28 所示的情况。

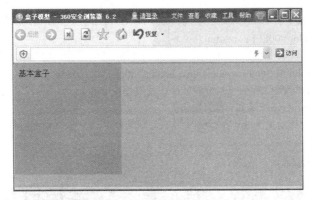

图 4.27　改变文字在 div 中的位置

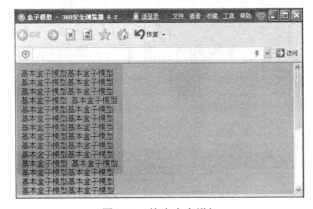

图 4.28　块中内容增加

当我们给容器 div 加上边框后，代码如下：

```
body{ background-color:#00FFFF; margin:0px;}
    div{
        background-color:#FF6699;width:200px; height:200px;
        padding:10px;/*改变文字在 div 中的位置，就要使用 padding*/
        border:10px solid red;/*给 div 容器加边框*/
        }
```

效果如图 4.29 所示。

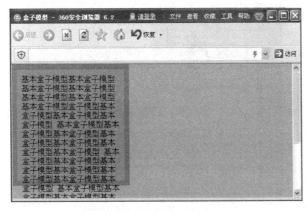

图 4.29　给 div 容器加边框

如果想移动整个 div 容器，我们应该设置什么呢？当然是 margin，看下面的代码。

```
body{ background-color:#00FFFF; margin:0px;}
    div{
        background-color:#FF6699;width:200px; height:200px;
        padding:10px;/*改变文字在 div 中的位置，就要使用 padding*/
        border:10px solid red;/*给 div 容器加边框*/
        margin:20px;/*移动整个 div 容器*/
        }
```

效果如图 4.30 所示。

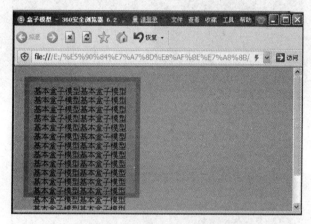

图 4.30　移动整个 div 容器的位置

如果有几个 div 块，都是上面的样式设置，会是什么效果？这里有 margin 重叠的现象，第一块的下 20 像素边距和第二块的上 20 像素边距重叠，所以呈现的就是 20px，而不是 40px，如图 4.31 所示。

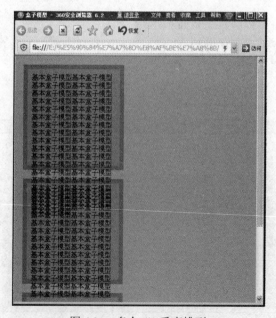

图 4.31　多个 div 垂直排列

　　如果设置 div 左浮动，效果如图 4.32 所示，可以看出两个或多个块级盒子的垂直相邻边界会重合，结果的边界宽度是相邻边界宽度中最大的值。但是边界的重叠也有例外情况：水平边距永远不会重合。具体计算可以参考其他相关资料。

图 4.32　利用浮动效果

4.2.3.3　盒子模型用于页面布局

　　现在给大家演示的是一个典型的版面分栏结构，即页头、导航栏、内容、版权，如图 4.33 所示，这种页面的布局类似于报纸的排版，通过将报纸的版面规划为几个板块，最终达到想要的效果。结合 W3C 提倡的结构和样式分离思想，页面布局的思路是：先对页面进行板块划分并使用 XHTML 描述内容结构，然后使用 CSS 样式描述各板块的位置尺寸等样式。CSS 具体的描述方法是将各版块看成一个盒子，利用盒子属性描述各版块的尺寸、外边距、内边距等样式。各版块采用表示"块"、"分区"含义的<div>标签进行描述。因此，国内很多教材也将此称为"DIV+CSS"布局或层布局。下面的讲解希望同学按照顺序进行实际操作，已观看效果。

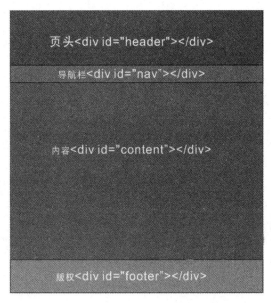

图 4.33　典型的版面分栏结构布局效果

其结构代码如下：

```
<div id="header"></div>
<div id="nav"></div>
<div id="content"></div>
<div id="footer"></div>
```

上面定义了四个盒子，按照我们想要的结果是，要让这些盒子等宽，并从上到下整齐排列，然后在整个页面中居中对齐，为了方便控制，再把这四个盒子装进一个更大的盒子，这个盒子就是 body，这样代码就变成：

```
<body>
<div id="header"></div>
<div id="nav"></div>
<div id="content"></div>
<div id="footer"></div>
</body>
```

最外边的大盒子（装着小盒子的大盒子）要让它在页面居中，并重定义其宽度为 760 像素，同时加上边框，其样式代码为：

```
body {
    font-family: 宋体
    font-size: 12px;
    margin: 0px auto;
    height: auto;
    width: 760px;
    border: 1px solid #006633;
}
```

对于页头，为了简单起见，这里只要让它整个区块应用某种背景颜色，并在其下边界设计定一定间隙，目的是让页头不要和下面要做的导航栏连在一起，这样也是为了美观。其样式代码为：

```
#header {
    height: 100px;
    width: 760px;
    background-color:#00FFFF;
    margin:0px 0px 3px 0px;
}
```

导航栏做成像一个个小按钮，鼠标移上去会改变按钮背景色和字体色，样式代码为：

```
#nav {
    height: 25px;
    width: 760px;
    font-size: 14px;
    list-style-type: none;
}
#nav li {
float:left;
}
#nav li a{
```

```
    color:#000000;
    text-decoration:none;
    padding-top:4px;
    display:block;
    width:97px;
    height:22px;
    text-align:center;
    background-color: #009966;
    margin-left:2px;
}
#nav li a:hover{
background-color:#006633;
color:#FFFFFF;
}
```

内容部分主要放入文章内容，有标题和段落，标题加粗。为了规范化，用 h 标签，段落要自动实现首行缩进 2 个字，同时所有内容看起来要和外层大盒子边框有一定距离，这里用填充。内容区块样式代码为：

```
#content {
height:auto;
width: 740px;
line-height: 1.5em;
padding: 10px;
}
#content p {
text-indent: 2em;
}
#content h3 {
font-size: 16px;
margin: 10px;
}
```

版权栏，给它加个背景颜色，与页头相映，里面文字要自动居中对齐，有多行内容时，行间距合适，这里的链接样式也可以单独指定，这里就不做了。其样式代码为：

```
#footer {
height: 50px;
width: 740px;
line-height: 2em;
text-align: center;
background-color: #009966;
padding: 10px;
}
```

最后回到样式开头大家会看到这样的样式代码：

```
* {
    margin: 0px;
    padding: 0px;
}
```

　　这是用了通配符初始化各标签边界和填充（因为有部分标签默认会有一定的边界，如 Form 标签），那么接下来就不用对每个标签再加以这样的控制，在一定程度上简化了代码。最终完成全部样式代码是这样的：

```
<style type="text/css">
* {
margin: 0px;
padding: 0px;
}
body {
font-family: Arial, Helvetica, sans-serif;
font-size: 12px;
margin: 0px auto;
height: auto;
width: 760px;
border: 1px solid #006633;
}
#header {
height: 100px;
width: 760px;
background-color:##009966;
margin:0px 0px 3px 0px;
}
#nav {
height: 25px;
width: 760px;
font-size: 14px;
list-style-type: none;
}
#nav li {
float:left;
}
#nav li a{
color:#000000;
text-decoration:none;
padding-top:4px;
display:block;
width:97px;
height:22px;
text-align:center;
background-color: #009966;
margin-left:2px;
}
#nav li a:hover{
background-color:#006633;
color:#FFFFFF;
}
```

```
#content {
height:auto;
width: 740px;
line-height: 1.5em;
padding: 10px;
}
#content p {
text-indent: 2em;
}
#content h3 {
font-size: 16px;
margin: 10px;
}
#footer {
height: 50px;
width: 740px;
line-height: 2em;
text-align: center;
background-color: #009966;
padding: 10px;
}
</style>
```

结构代码是这样的：

```
<body>
    <div id="header"></div>
        <ul id="nav">
            <li><a href="#">首 页</a></li>
            <li><a href="#">文 章</a></li>
            <li><a href="#">相册</a></li>
            <li><a href="#">Blog</a></li>
            <li><a href="#">论 坛</a></li>
            <li><a href="#">帮助</a></li>
        </ul>
    <div id="content">
        <h3>前言</h3>
        <p>第一段内容</p>
        <h3>理解 CSS 盒子模型</h3>
        <p>第二段内容</p>
    </div>
    <div id="footer">
        <p>关于我们｜广告服务｜公司招聘｜客服中心｜Q Q 留言｜网站管理｜会员登录｜购物
车</p><p>Copyright &copy;2012 - 2013 Zhu Cuimiao. All Rights Reserved</p>
    </div>
</body>
</html>
```

效果如图 4.34 所示。

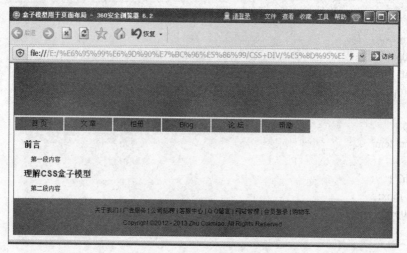

图 4.34　典型的版面分栏结构

4.2.3.4　浮动

前面曾经使用 float 浮动属性，将纵向排列的菜单项改为横向排列。现在我们将围绕页面布局，深入讲解浮动的含义及其在布局中的应用。

1. 为什么需要浮动

结合前面所讲的版面分栏示例，如果主体内容部分分成左右两块，那么我们怎样去完成。首先在 content 部分把原来的内容去掉，增加两个块，代码如下：

```
<div id="content">
        <div class="content_left">内容左侧</div>
        <div class="content_right">内容右侧</div>
</div>
```

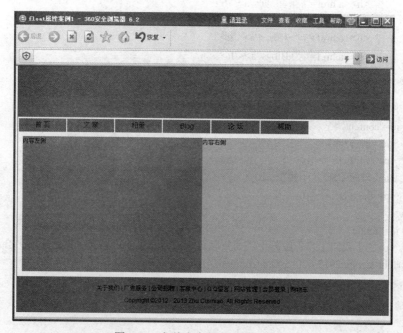

图 4.35　主体内容部分应用了 float

　　然后，把原来整个 content 的高度设置成 267px，再设置这两个块的样式，首先它们的宽度是各占父元素的一半，高度与父元素相同，为了区分设置成不同背景色，所以设置为如下代码：

　　.content_left{ width:50%; height:100%;background-color:#996699}

　　.content_right{ width:50%; height:100%;background-color:#FF99CC}

　　预览之后会看到，两个块是垂直显示的，如图 4.36 所示，各占一行，因为<div>属于块级标签，具有"换行"的特点。如何实现图 4.35 所示的两个 div 块并排的效果？答案就是使用浮动，在这两个块的样式中添加"float:left"即可完成。有同学可能会问只让第二行的块左浮动可不可以，通过实践操作是不行的，这是什么原因呢？因为浮动的元素向左或向右移动，直到它的外边缘碰到它的父元素或另一个浮动元素的边框为止。只设置第二个块左浮动，那么它将会向左浮动碰到它的父元素就是它上一层的 div 就停下来了，它是在自己所在行进行浮动的，同样如果让第二行的块右浮动，它在自己所在行进行右浮动，碰到父元素就是它上一层的 div 就停下来，因此永远不可能和左边的块在一行。

　　.content_left{ width:50%; height:100%;background-color:#996699; float:left}

　　.content_right{ width:50%; height:100%;background-color:#FF99CC; float:left}

图 4.36　未使用 float

　　2.　浮动

　　关于文档流这个概念，其实一直没有一个很明确的定义，比较一致的看法就是指文档自上而下的书写顺序，将窗体自上而下分成一行行，并在每行中按从左至右的顺序排放元素，即为文档流。可以这样理解就是从头到尾按照文档的顺序，该在什么位置就在什么位置，自上而下、自左到右的顺序。每个非浮动块级元素都独占一行，浮动元素则按规定浮在行的一端。若当前行容不下，则另起新行再浮动。来看下面的代码：

　　<html>

　　<head>

```
<title>float 各种情况</title>
    <style type="text/css">
        .wai{ width:300px; height:300px; background-color:##ccff00;
border-style:solid; border-color:#000000}
        .nei1{ width:80px; height:80px; background-color:#ff0000}
        .nei2{ width:80px; height:80px; background-color:#00ff00}
        .nei3{ width:80px; height:80px; background-color:#0000ff}
    </style>
</head>
<body>
<div class="wai" >
    <div class="nei1">块 1</div>
    <div class="nei2">块 2</div>
    <div class="nei3">块 3</div>
</div>
</body>
</html>
```

外层的框内有三个块：块 1、块 2、块 3，由于 div 是块级元素，所以三个块按照各占一行的方式垂直排列，如图 4.37 所示。当设置块 1 的 float 属性是 right 浮动的时候，块 1 脱离文档流，所以它不占据空间，按规定浮在右端，直到碰到它的父元素也就是它的上一级的 div 停止，而块 2 就像块 1 不存在一样保持它块级元素的性质，如图 4.38 所示。当我们设置块 1 的 float 属性是 left 浮动的时候，块 1 脱离文档流，它不占据空间，按规定浮在左端，直到碰到它的父元素也就是它的上一级的 div 停止，而块 2 就像块 1 不存在一样保持它块级元素的性质，实际上块 1 覆盖住了块 2，使块 2 从视图中消失，如图 4.39 所示。如果我们设置三个块都是左浮动，那么块 1 脱离文档流，按规定浮在左端，直到碰到它的父元素也就是它的上一级的 div 停止；而块 2 也脱离文档流，按规定浮在左端，直到碰到块 1 这个浮动元素的边框为止；同样块 3 脱离文档流，按规定浮在左端，直到碰到块 2 这个浮动元素的边框为止，如图 4.40 所示。如果包含框太窄，无法容纳水平排列的三个浮动元素，那么其他浮动块向下移动，直到有足够的空间，如图 4.41 所示。相关样式代码如下：

```
<style type="text/css">
    .wai{ width:300px; height:300px; background-color:##CCFF00; border-style:solid; border-color: #000000}
    .nei1{ width:120px; height:80px; background-color:#FF0000; float:left}
    .nei2{ width:120px; height:80px; background-color:#00ff00; float:left}
    .nei3{ width:120px; height:80px; background-color:#0000ff; float:left}
</style>
```

如果浮动元素的高度不同，那么当它们向下移动时可能被其他浮动元素"卡住"，如图 4.42 所示。样式如下：

```
<style type="text/css">
    .wai{ width:300px; height:300px; background-color:##CCFF00; border-style:solid; border-color: #000000}
    .nei1{ width:120px; height:120px; background-color:#FF0000; float:left}
    .nei2{ width:120px; height:80px; background-color:#00ff00; float:left}
    .nei3{ width:120px; height:80px; background-color:#0000ff; float:left}
</style>
```

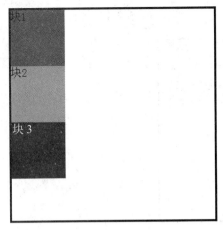

图 4.37　三个块垂直排列

图 4.38　块 1 右浮动

图 4.39　块 1 左浮动

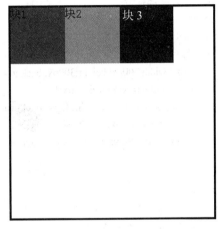

图 4.40　三个块同时左浮动

图 4.41　无法容纳水平排列的三个浮动元素

图 4.42　浮动元素的高度不同下移时被"卡住"

　　如果在 3 个块都左浮动的情况下，如图 4.40 所示，我们在某一块的后面填充上内容如文字或图片，比如在块 1 的后面，观察有什么情况发生，文字环绕块 1，这时候浮动元素块 1 变成行内元素，占据了行内元素的空间，所以形成了文字环绕，如图 4.43 所示。

图 4.43　文字环绕

```
<html>
<head>
<title>float 各种情况</title>
    <style type="text/css">
        .wai{ width:300px; height:300px; background-color:##CCFF00; border-style:solid; border-color:#000000}
        p{ padding:0px; margin:0px;}
        .nei1{ width:80px; height:80px; background-color:#FF0000; float:left}
        .nei2{ width:80px; height:80px; background-color:#00ff00; float:left}
        .nei3{ width:80px; height:80px; background-color:#0000ff; float:left}
    </style>
</head>
<body>
<div class="wai" >
    <div class="nei1">块 1</div>
    <p>浮动实现文字环绕，浮动实现文字环绕，浮动实现文字环绕，浮动实现文字环绕，浮动实现文字
环绕，浮动实现文字环绕，浮动实现文字
    浮动实现文字环绕，浮动实现文字环绕，浮动实现文字环绕，浮动实现文字环绕。</p>
    <div class="nei2">块 2</div>
    <div class="nei3">块 3</div>
</div>
</body>
</html>
```

如果不想让文字环绕，就需要文字元素部分设置 clear 属性，规定元素的哪一侧不允许其他浮动元素。clear 属性可能的值：

left：在左侧不允许浮动元素。

right：在右侧不允许浮动元素。

both：在左右两侧均不允许浮动元素。

none：默认值。允许浮动元素出现在两侧。

所以我们这个就是要设置<p>标签的 clear 属性是 left，不允许左侧有浮动，效果如图 4.44 所示。

图 4.44　使用 clear 属性

在实际开发中，有时不知道上一个浮动元素的浮动方向，所以常用"clear;both"来替代，表示不管前一个浮动元素是左浮动还是右浮动，都进行换行区隔显示，这种用法更通用。

网页布局时的定位机制一般采用默认的普通文档流方式，除浮动外，偶尔还会使用绝对定位、相对定位的定位机制，它们都是偏移默认位置的定位方式，请在课下查阅相关资料自主学习相关内容。

4.3　工作场景训练

4.3.1　实现工作场景 1 的任务

有了前面的技术和知识准备，我们去完成场景中的任务，利用 CSS 选择器的知识，较容易完成场景任务 1。使用 div-ul-li 结构组织及各类选择器，首先整个\<div\>设置 ID 标识，id 选择器设置为宽度 200px，背景#CCCCCC，然后设置所有列表项\<li\>标签选择器字体大小为 12px，颜色#636362；之后为列表项"护肤品"和"饰品"设置 class 属性 orange，类选择器属性设置字体为宋体、加粗、14px，颜色#ff7300。

场景任务参考代码如下：

```
<html>
<head>
<title>工作场景 1-CSS 选择器</title>
  <style>
    #menu{width:200px; background-color:#CCCCCC; }
    li{font-size:12px;color:#636362; }
    .orange{font:bold 14px 宋体;color:#ff7300;}
  </style>
</head>
<body>
    <div id="menu">
      <ul>
        <li class="orange">护肤品</li>
        <li>卸妆</li>
        <li>洁面</li>
```

```
                    <li>爽肤水</li>
                    <li>眼部护理</li>
                </ul>
                <ul>
                    <li class="orange">饰品</li>
                    <li>头饰</li>
                    <li>项链</li>
                    <li>吊坠</li>
                    <li>耳钉</li>
                </ul>
            </div>
        </body>
    </html>
```

效果如图 4.45 所示。

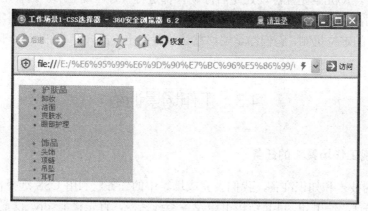

图 4.45　CSS 选择器

4.3.2　实现工作场景 2 的任务

有了前面的技术和知识准备，我们去完成场景 2 中的任务，总的思路是利用 div-ul-li 结构来组织，用列表的浮动属性将它们设置到一行，之后利用超链接的伪类样式按要求进行设置。首先整个<div>设置 id 标识或者 class 类，当然整个页面如果只有一个 div 时可以不用 id 或者 class，这里选择使用 class="nav"，设置 div 宽度 800px，高度 35px，背景#2779c3，然后设置所有列表项<li>标签，也就是设置每个列表项的宽度 100px，字体大小为 16px，文本高度也为 35px，目的是使文本在 div 中居中，去掉所有的列表项符号，并且使各个列表项左浮动，实现横行排列。同时我们要设置链接的样式，所有链接编辑状态文本颜色为白色，加粗，未访问之前的链接文字设置为无下划线，点击访问后文字为黑色，鼠标放上去的颜色为橙色，有下划线，鼠标按下去文本颜色为白色，无下划线。为了简单起见，所有链接都指向的是某网站首页。

场景任务 2 参考代码如下：

```
<html>
<head>
<title>场景 2 导航菜单</title>
<style type="text/css">
```

```
.nav{
        width:800px; height:35px;
        background-color:#0066FF
        }
    .nav li{width:100px; font-size:16px;list-style-type: none; float:left; line-height:35px}
    .nav li a{ color:#FFFFFF; font-weight:bold}
    .nav li a:link { text-decoration:none }
    .nav li a:visited{ color:#000000}
    .nav li a:hover { color:#FF6600; text-decoration:underline}
    .nav li a:active {color:#FFFFFF;text-decoration:none }

</style>
</head>
<body>
 <div class="nav">
  <ul>
    <li><a href="http://www.wjxvtc.cn/">学院首页</a></li>
    <li><a href="http://www.wjxvtc.cn/">学院概况</a></li>
    <li><a href="http://www.wjxvtc.cn/">组织机构</a></li>
    <li><a href="http://www.wjxvtc.cn/">系部介绍</a></li>
    <li><a href="http://www.wjxvtc.cn/">师资队伍</a></li>
    <li><a href="http://www.wjxvtc.cn/">招生就业</a></li>
    <li><a href="http://www.wjxvtc.cn/">科学研究</a></li>
  </ul>
  </div>
</body>
</html>
```

4.3.3　实现工作场景 3 的任务

我们再回到场景 3，场景 3 是商城的顶部，从顶部效果图可以划分为 4 块内容：左上部的 logo、右边的顶部菜单 menu 和欢迎词、底部的导航部分。主体结构如图 4.46 所示，先为每一部分写上提示内容，以便后面样式化。

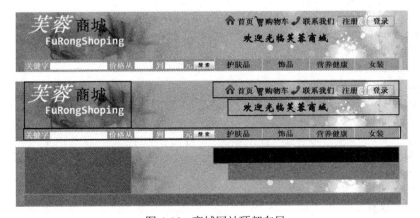

图 4.46　商城网站顶部布局

```
<body>
    <div id="header">
        <div id="logo">LOGO</div>
        <div class="up_right_menu">顶部菜单</div>
        <div class="up_right_hello">欢迎光临芙蓉商城！</div>
        <div class="nav">导航条</div>
    </div> <!--header end-->
</body>
```

效果如图 4.47 所示。

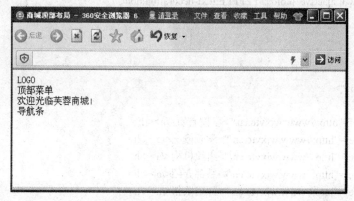

图 4.47　未使用样式的效果

　　然后我们利用图片处理工具测量出四部分中每一部分的宽和高，左上部的 logo：289×116px，右边的顶部菜单 menu：490×41px，欢迎词：450×43px，底部的导航：985×30px。为区分各个部分为它们加上背景，对于它们的容器 header，设置其宽度为 1024px，高度测量出是 150px，并且水平居中。有前面的经验，为了准确，去掉 body 的默认内外边距。设置代码如下：

```
<style>
body{ margin:0px; padding:0px;}
#header {width:1024px;height:150px; background-color:#CC0099; margin:0px auto;}
    .logo {
        width:269px;height:118px;
        background:#999;}
    .up_right_menu{
        width:490px;height:41px;
        background:#ccc;}
    .up_right_hello{
        width:450px;height:43px;
        background:#33FF33;}
    .nav{
        width:985px;height:30px;
        background:#3cc;}
</style>
```

效果如图 4.48 所示。

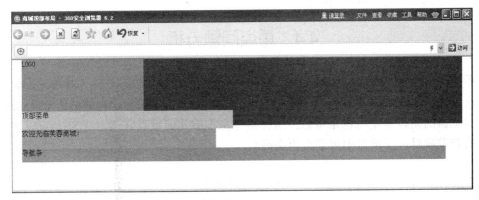

图 4.48 设置各块大小之后的效果

利用浮动设置 logo 左浮动，顶部菜单和欢迎词右浮动，导航条取消左右两侧的浮动元素，代码如下，至此我们完成了场景 3 的任务。

```
<style>
body{ margin:0px; padding:0px;}
#header {width:1024px;height:150px; background-color:#CC0099; margin:0px auto;}
    .logo {
        width:283px;height:116px;
        background:#999;
        float:left;}
    . up_right_menu{
        width:490px;height:41px;
        background:#ccc;
        float:right;}
    . up_right_hello{
        width:450px;height:43px;
        background:#33FF33;
        float:right;}
    .nav{
        width:985px;height:30px;
        background:#3cc;
        clear:both;}
</style>
```

效果如图 4.49 所示。

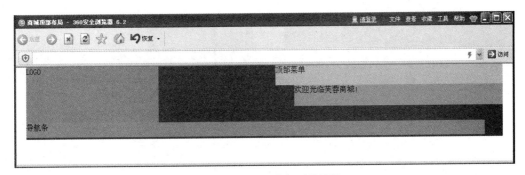

图 4.49 设置浮动之后的效果

4.4　重点问题分析

本单元内容较多，而且是 CSS+DIV 布局的重点内容，其中 CSS 样式、背景、文本、字体、列表，这些都是比较常用的 CSS 样式；盒子模型中的内边距 padding 与外边距 margin 的熟练使用与浏览器的兼容是重点也是难点；选择器也是本单元的重点。学习 CSS，可以先学习重点，然后开发项目，在项目中再学习再提高！

4.5　小结

本单元将介绍使用 CSS 的好处，CSS 的基本语法，文本、背景等常见的样式修饰，重点理解内容和样式分离的思想，还重点介绍了盒子模型及相关属性，以及布局的应用，多看多练是学习好 CSS 的关键。

单元五　CSS+DIV 实现典型页面局部布局

大家通过前面单元的学习已经具有了一定的 HTML 基础，这时候就可以开始一步一步学习使用 DIV+CSS 进行网页布局设计了，首先我们先来用 CSS+DIV 实现两种典型页面布局结构：用 div-ul（ol）-li 和 div-dl-dt-dd 结构实现局部布局。div-ul（ol）-li 常用于分类导航或菜单等场合；div-dl-dt-dd 常用于图文混编场合，除此之外，还有 table-tr-td 常用于图文布局或显示数据的场合；form-table-tr-td 用于布局表单的场合。

单元要点

- div-ul-li 实现导航菜单
- div-dl-dt-dd 实现图文混编
- 伪类样式控制超链接样式

技能目标

- 使用 div-ul-li 实现导航菜单局部布局
- 使用 div-dl-dt-dd 实现图文混编
- 使用伪类样式控制超链接样式

5.1　工作场景导入

【工作场景 1】

制作如工作场景图 1 所示右下部导航条的页面效果。

工作场景图 1　右下部导航条

【工作场景 2】

制作如工作场景图 2 所示的页面效果。说明：下图为一背景图，实现图文混排和超链接伪类的效果。

工作场景图 2   图文混排效果

5.2   技术与知识准备

5.2.1   div-ul-li 实现横向导航菜单

本文通过实际的例子利用 div-ul-li 来实现一个导航菜单。阅读完后，根据自己的需求加以改善，做出一个属于自己的导航。在这个制作过程中请注意每个步骤与上一步骤的区别，最终效果参看图 5.7。

（1）创建无序列表。

```
<div>
<ul>
    <li><a target="_blank" href="http://www.baidu.com">菜单一</a></li>
    <li><a target="_blank" href="http://www.google.hk">菜单二</a></li>
    <li><a target="_blank" href="http://www.bing.com">菜单三</a></li>
    <li><a target="_blank" href="http://www.jike.com">菜单四</a></li>
    <li><a target="_blank" href="http://www.soso.com">菜单五</a></li>
    <li><a target="_blank" href="http://www.youdao.com">菜单六</a></li>
</ul>
</div>
```

效果如图 5.1 所示。

图 5.1   无序列表浏览图

（2）将"li"默认样式"圆点"利用 CSS 隐藏。

```
<style type="text/css">
    .nav li{list-style:none}
</style>
<div class="nav">
    <ul>
        <li><a target="_blank" href="http://www.baidu.com">菜单一</a></li>
        <li><a target="_blank" href="http://www.google.hk">菜单二</a></li>
        <li><a target="_blank" href="http://www.bing.com">菜单三</a></li>
        <li><a target="_blank" href="http://www.jike.com">菜单四</a></li>
        <li><a target="_blank" href="http://www.soso.com">菜单五</a></li>
        <li><a target="_blank" href="http://www.youdao.com">菜单六</a></li>
    </ul>
</div>
```

效果如图 5.2 所示。

图 5.2　去掉 li 的圆点效果

（3）通过浮动使"li"元素横向排列。

```
<style type="text/css">
    .nav li{ list-style:none ;float:left;}
</style>
```

效果如图 5.3 所示。

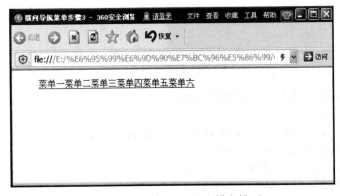

图 5.3　浮动使"li"元素横向排列

（4）调整"li"元素的宽度。

```
<style type="text/css">
    . nav li{ list-style:none;float:left; width:100px;}
</style>
```

效果如图 5.4 所示。

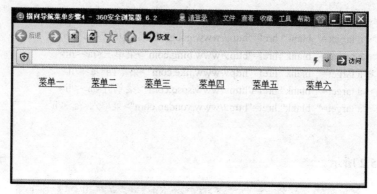

图 5.4　调整"li"元素的宽度

（5）通过 CSS 伪类设置菜单效果。

```
<style type="text/css">
    .nav li{ list-style:none;float:left; width:100px;}
    .nav a:link {color:pink; font-weight:bold; text-decoration:none; background:green;}
    .nav a:visited{color:pink; font-weight:bold; text-decoration:none; background:green;}
    .nav a:hover {color:green; font-weight:bold; text-decoration:none; background:yellow;}
</style>
```

效果如图 5.5 所示。

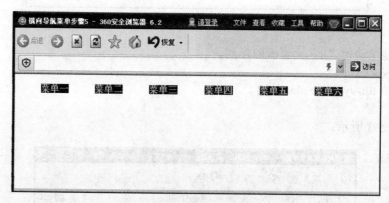

图 5.5　CSS 伪类设置菜单效果

（6）将链接以块级元素显示并细微调整。

```
<style type="text/css">
    .nav li{ list-style:none;float:left; width:100px; margin-left:3px; line-height:30px;}
    .nav a:link {color:pink;font-weight:bold;
        text-decoration:none; background:green;}
    .nav a:visited{color:pink; font-weight:bold;
        text-decoration:none; background:green;}
```

```
      .nav a:hover {color:green; font-weight:bold;
            text-decoration:none; background:yellow;}
      .nav a {display:block; text-align:center; height:30px;}
   </style>
```

CSS 调整解释：

● text-align:center：将菜单文字居中；

● height:30px：增加背景的高度；

● margin-left:3px：使每个菜单之间空 3px 距离；

● line-height:30px：定义行高，使链接文字纵向居中。

效果如图 5.6 所示。

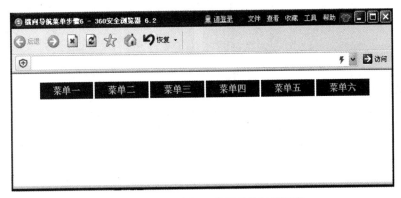

图 5.6 链接以块级元素显示并细微调整

（7）进一步调整。

```
<style type="text/css">
      .nav {height:30px;background:green;}
      .nav li{ list-style:none;float:left; width:100px; margin-left:3px; line-height:30px;}
      .nav a:link {color:pink; font-weight:bold; text-decoration:none; background:green;}
      .nav a:visited{color:pink; font-weight:bold; text-decoration:none; background:green;}
      .nav a:hover {color:green; font-weight:bold; text-decoration:none; background:yellow;}
      .nav a {display:block; text-align:center; height:30px;}
   </style>
```

效果如图 5.7 所示。

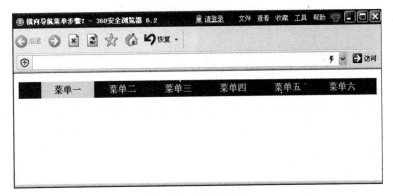

图 5.7 增加块背景

完整的代码如下：

```html
<html >
<head>
<title>横向导航菜单</title>
    <style type="text/css">
            .nav{height:30px;background:green;}
            .nav li{list-style:none;float:left; width:100px;margin-left:3px; line-height:30px; }
            .nav a:link {color:pink; font-weight:bold; text-decoration:none; background:green;}
            .nav a:visited{color:pink; font-weight:bold; text-decoration:none; background:green;}
            .nav a:hover {color:green; font-weight:bold; text-decoration:none; background:yellow;}
            .nav a {display:block; text-align:center; height:30px;}
    </style>
</head>
<body>
<div   class="nav">
    <ul>
        <li><a target="_blank" href="http://www.baidu.com">菜单一</a></li>
        <li><a target="_blank" href="http://www.google.com">菜单二</a></li>
        <li><a target="_blank" href="http://www.bing.com">菜单三</a></li>
        <li><a target="_blank" href="http://www.jike.com">菜单四</a></li>
        <li><a target="_blank" href="http://www.soso.com">菜单五</a></li>
        <li><a target="_blank" href="http://www.youdao.com">菜单六</a></li>
    </ul>
</div>
</body>
</html>
```

5.2.2   div-dl-dt-dd 实现图文混排

dl-dt-dd 用于图文混排时，一般情况是<dt>放图片，<dd>放文字，<dl>做结构容器，方便扩展。把图片看作"标题"，将后续的文字看作"具体的描述"，因此，从语文的角度，应采用 div-dl-dt-dd 结构进行描述，最终效果参看图 5.12，下面就看一下具体的步骤。

（1）先建立图文布局结构，即先建立 HTML 标签组织结构。

```html
<head>
<meta http-equiv="Content-Type" content="text/html; charset=gb2312" />
<title>div-dl-dt-dd 实现图文混排 1</title>
</head>
<div class="sidebar_center">
    <dl>
            <dt><img src="images/show1.jpg" /></dt>
            <dd><a href="#" target="_top"><img src="images/top_icon.jpg" />已售出 988 件</a></dd>
    </dl>
    <dl>
            <dt><img src="images/show2.jpg" /></dt>
            <dd><a href="#" target="_top"><img src="images/top_icon.jpg" />已售出 735 件</a></dd>
    </dl>
```

```
<dl>
    <dt><img src="images/show4.jpg" /></dt>
    <dd><a href="#"><img src="images/top_icon.jpg" />已售出 700 件</a></dd>
</dl>
<dl>
    <dt><img src="images/show5.jpg" /></dt>
    <dd><a href="#"><img src="images/top_icon.jpg" />已售出 657 件/a></dd>
</dl>
</div>
```

效果如图 5.8 所示。

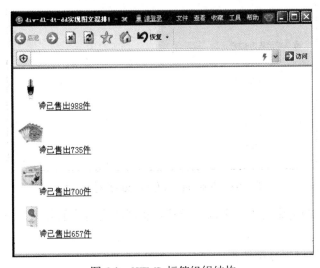

图 5.8 HTML 标签组织结构

（2）<dd>内的文字和<dt>内的图片排列在同一行，所以应设置<dt>左浮动，实现图片和文字在同一行。

```
<style type="text/css">
    .sidebar_center dl dt{ float:left;}
</style>
```

效果如图 5.9 所示。

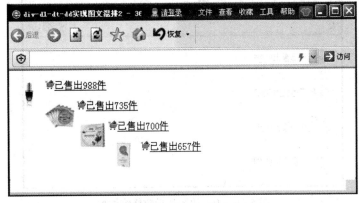

图 5.9 设置 dt 左浮动

（3）调整<dd>行高实现文字垂直居中，也就是设置<dt>的高度和<dd>的行高一致，以实现单行文字的垂直居中。通过查看，得知图片的高度是 46px，因此设置 dd 的行高为 46px。

```
<style type="text/css">
    .sidebar_center dt{ float:left;}
    .sidebar_center dl dd{ line-height:46px;}
</style>
```

效果如图 5.10 所示。

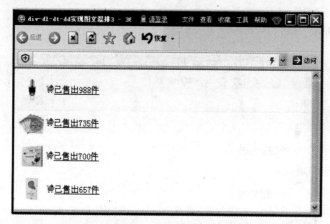

图 5.10　设置<dt>高度和<dd>的行高一致

如果没有进一步的美化要求，至此已经基本实现图文混排的效果。下面进行进一步美化，使之达到最终效果。

（4）为左边图片设置修饰边框。

```
<style type="text/css">
    .sidebar_center dl dt{ float:left;}
    .sidebar_center dl dd{ line-height:46px;}
    .sidebar_center dl dt img{ border:1px solid #9ea0a2;/* border:llpx solid  设置图片的外边框*/}
</style>
```

效果如图 5.11 所示。

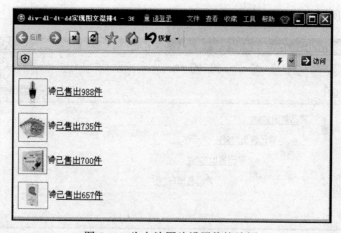

图 5.11　为左边图片设置修饰边框

（5）图片和文字分开一定的距离，增加美感。可以有几种设置方式，如可以设置左边 dt 图片的右边距，也可以设置右边 dd 文字的左边距。

```
<style type="text/css">
    .sidebar_center dl dt{ float:left; margin-right:10px;}
    .sidebar_center dl dd{ line-height:46px;}
    .sidebar_center dl dt img{ border:1px solid #9ea0a2;/* border:llpx solid 设置图片的外边框*/}
</style>
```

效果如图 5.12 所示。

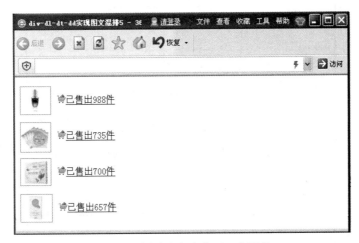

图 5.12　图片和文字分开一定距离

如果设置右边 dd 文字的左边距为 10px，感觉没有分开，要用一个较大的数值，原因是 dd 本身就有一个默认的左外边距，所以可以先清除左外边距，再设置为 10px，效果如图 5.13 所示，具体代码自己尝试。

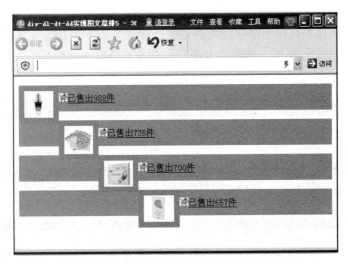

图 5.13　边框宽度值为 10px 的效果

在进行第 4 步时，如果图片的边框宽度设置不是 1px，而是一个较大的值，比如对此示例而言我们设置为 10px 的一个值，文字很显然不是垂直居中了，因为最初设置文字居中是按照

dt 中的图片高度设置的，现在想要文字垂直居中，就要设置 dd 的高度和 dt 所占所有空间的高度一致，在这个示例中也就是图片本高度再加上上下边框的宽度值，这里就要设置 dd 的 line-height 为 46px+10px+10px=66px，这一点需要注意。为了让大家看清楚，我们增加了 dl 的背景色，效果如图 5.14 所示。

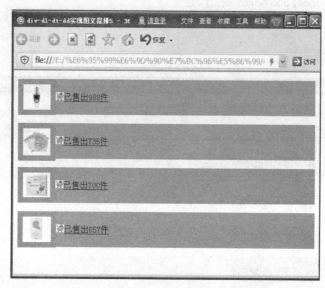

图 5.14　重新设置 ddline-height 之后效果

如果把图文混排效果放在一张背景图片之上，又需要设置什么呢？请大家参看工作场景训练的内容。

在 div-dl-dt-dd 的结构中，dl 和 dd 都存在默认外边距，为了让大家看清楚我们增加 body 和 dl 的背景，并且从样式化之前进行演示，可以看出 dl 存在默认上下外边距，dd 标签存在默认的左外边距。我们先把 dd 的左外边距置 0，看一下效果，然后 dl 上外边距置 0，可以看出与浏览器上边缘距离减小，由前面单元四讲述可以得知第一个 dl 的下边距和第二个 dl 的上边距重叠，所以虽然第二个 dl 的上边距为 0 了，这两个重叠时的间距是第一个 dl 的下边距，然后再设置 dl 下边距为 0，情况效果如图 5.15 至图 5.18 所示。

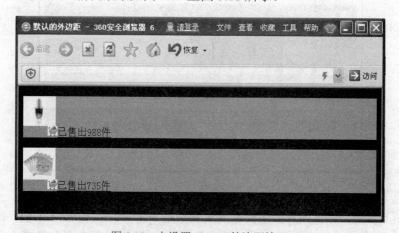

图 5.15　未设置 dl、dd 外边距情况

图 5.16　设置 dd 左外边距为 0px 效果

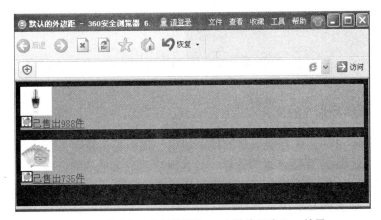

图 5.17　设置 dd 左外边距和 dl 上外边距为 0px 效果

图 5.18　设置 dd 左外边距和 dl 上下外边距为 0px 效果

　　为了准确起见，经常在布局前先设置 dl 和 dd 四个方向的内外边距都为 0，即{margin:0px; padding:0px;}，当然一般也要设置 body{ margin:0px;padding:0px;}，这点在布局中非常重要。

　　参考代码如下：

```
<style type="text/css">
body{ background-color:#000000; margin:0px;}
```

```
dl{ background-color:#00FF99;margin-top:0px; }
dd{ margin-left:0px;}
</style>
<body>
<div class="sidebar_center">
    <dl>
        <dt><img src="images/show1.jpg" /></dt>
        <dd><a href="#" target="_top"><img src="images/top_icon.jpg" />已售出 988 件</a></dd>
    </dl>
    <dl>
        <dt><img src="images/show2.jpg" /></dt>
        <dd><a href="#" target="_top"><img src="images/top_icon.jpg" />已售出 735 件</a></dd>
    </dl>
</div>
</body>
```

5.3 工作场景训练

5.3.1 实现工作场景 1 的任务

有了前面的 div-ul-li 实现导航菜单的技术知识，我们应该较容易完成场景 1 中的内容，主要任务就是将 nav 块放置在合适的位置，并且规划四个菜单项的分布。为了准确设置，将 body 的内外边距置 0，header 的宽高与背景图片一致，设置 header 水平居中，其他内外边距置 0，为了更清晰地看到 nav 块，暂且给它加个背景。通过测量设置 nav 的左外边距和上外边距，由于 div 嵌套引起的 margin-top 不起作用，有两个嵌套关系的 div，如果外层 div 的父元素 padding 值为 0，那么内层 div 的 margin-top 或者 margin-bottom 的值会"转移"给外层 div。这里可以把 margin-top 外边距改成 padding-top 内边距，或者父层 div 加 padding-top: 1px，这里选择后者。

图 5.19   右下部导航条

场景任务 1 内容结构代码：

```
<body>
<div id="header">
    <div    class="nav">
        <ul>
            <li><a href="#">护肤品 </a></li>
            <li><a href="#">饰  品</a></li>
            <li><a href="#">营养健康</a></li>
```

```
        <li><a href="#">女  装</a></li>
      </ul>
    </div><!--nav 结束-->
  </div><!--header 结束-->
</body>
```

场景任务 1 样式参考代码：

```
<style>
  body{ margin:0px; padding:0px;}
  #header { width:1024px; height:150px;
              margin:0px auto;
              padding-top: 1px; padding-right:0px; padding-bottom:0px; padding-left:0px;
              background:url(images/header_bg8.png) no-repeat;
            }
  #header .nav{
            background-color:#33CCFF;
            width:485px; height:30px;
            margin-left:520px;margin-top:120px;}
</style>
```

效果如图 5.20 所示。

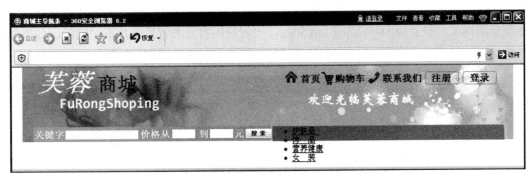

图 5.20　菜单项未规划之前效果

下面就是分布这四个菜单项了，在图像处理工具中量得每一个菜单项的宽度是 121px，这样设置每个 li 宽度 121px，左浮动，取消 nav 的背景色，设置 li 的行高与 nav 的高度一致，也就是是文字垂直居中，同样设置 text-align:center 是文字水平居中，效果如图 5.21 所示。

图 5.21　菜单项划之后效果

之后设置超链接的伪类，样式代码如下：

.nav li a{text-decoration:none;font-size:18px; color:#333333; font-weight:bold;}

效果如图 5.22 所示。

图 5.22　菜单项应用超链接伪类之后效果

其他知识这里不再赘述。

5.3.2　实现工作场景 2 的任务

在前面的技术知识准备中已经完成了一部分场景 1 中的内容，作为背景图片的宽和高分别是 233px、294px，从"TOP 本周热销榜"的下部开始显示图文，所以到图片处理软件中测量这部分的高度，设置块的 padding-top:50px，设置块的背景和背景图片不平铺后，效果如图 5.23 所示。

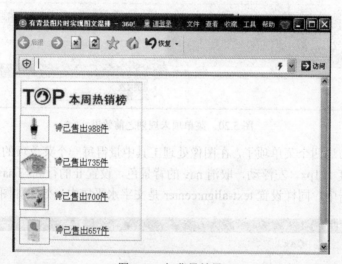

图 5.23　加背景效果

对上述效果进行微调，使所有 dl 容器向右大概 20 像素，需要设置.sidebar_center dl{ margin-left:20px;}，效果如图 5.24 所示。

因为整个图文下部超出了背景框，所以根据实际情况可以将块的 padding-top 改小一些，设置为 40px，以适应背景框，效果如图 5.25 所示。

接下来可以设置伪类超链接，未访问时字颜色黑色，无下划线，鼠标按下时出现下划线，访问过后字体是#FF0066 颜色，效果如图 5.26 所示。

图 5.24 dl 右移效果

图 5.25 背景和块相适应

图 5.26 使用超链接伪类的效果

场景任务 2 参考代码如下：

```html
<html >
<head>
<title>有背景图片时实现图文混排</title>
<style type="text/css">
      .sidebar_center{ width:233px; height:294px; padding-top:40px;
        background-image:url(images/本周排行榜.jpg);
        background-repeat:no-repeat;}
      .sidebar_center dl{ margin-left:20px;}
      .sidebar_center dl dt{ float:left; margin-right:10px;}
      .sidebar_center dl dd{ line-height:46px;}
      .sidebar_center dl dt img{ border:1px solid #9ea0a2;/* 设置图片的外边框*/}
      .sidebar_center a:link{ color:#000000; text-decoration:none;}
      .sidebar_center a:visited{color:#FF0066;}
      .sidebar_centera:hover    {text-decoration:underline;}
</style>
</head>

<body>
  <div class="sidebar_center">
      <dl>
            <dt><img src="images/show1.jpg" /></dt>
            <dd><a href="#" target="_top"><img src="images/top_icon.jpg" />已售出 988 件</a></dd>
      </dl>
      <dl>
            <dt><img src="images/show2.jpg" /></dt>
            <dd><a href="#" target="_top"><img src="images/top_icon.jpg" />已售出 735 件</a></dd>
      </dl>
      <dl>
            <dt><img src="images/show4.jpg" /></dt>
            <dd><a href="#"><img src="images/top_icon.jpg" />已售出 700 件</a></dd>
      </dl>
      <dl>
            <dt><img src="images/show5.jpg" /></dt>
            <dd><a href="#"><img src="images/top_icon.jpg" />已售出 657 件</a></dd>
      </dl>
  </div>
</body>
</html>
```

5.4　重点问题分析

本单元重点要领会 div-ul（ol）-li 和 div-dl-dt-dd 结构使用的场合，div-ul（ol）-li 常用于分类导航或菜单等场合；div-dl-dt-dd 常用于图文混编场合，然后在实践中总结提升。

5.5　小结

　　本单元使用 div-ul-li 制作了导航菜单，用 div-dl-dt-dd 实现了图文混排，接下来的工作就是根据这些典型的应用来完成一个相对完整的静态网站的制作，这正好是下个单元要讲述和实践的内容，大家拭目以待吧。

单元六 CSS+DIV 页面布局实例

这个单元将开发一个静态的商城网站，利用 Dreamweaver 搭建站点，实现商城网站首页和各个分支页的布局，因此在结构上不再按照前面单元框架进行。我们学习的关键是多练，多动手操作，只有通过反复实践，才能深入所学知识，灵活应用各种技能。

6.1 分块制作商城网站首页

当网页设计师制作好个人网站的首页效果图，就会交给网页制作人员进行网页制作。我们拿到美工人员设计的效果图制作出与效果图一致且兼容主流浏览器的标准页面即可。现在要制作的是商场网站，其首页的效果图如图 6.1 所示。

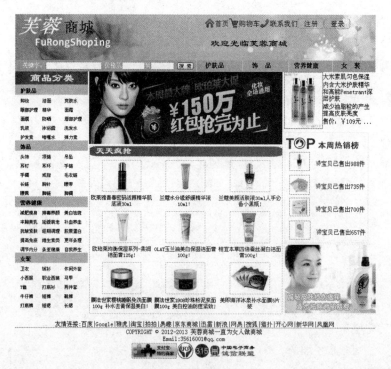

图 6.1 商城首页

在对效果图进行分析得到页面结构后，就可以进行分块制作网页了。制作网页要遵循从总体到部分、从上到下、从左到右的顺序。

6.1.1 利用 Dreamweaver 搭建站点

下面使用 Dreamweaver 创建站点，其实站点就是我们硬盘上的一个文件夹。选择"站点→新建站点"命令，出现如图 6.2 所示的对话框，按图进行设置，然后单击"下一步"按钮。

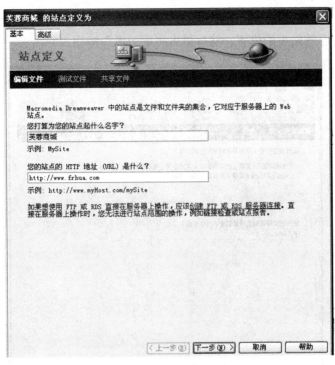

图 6.2 Dreamweaver 搭建站点步骤 1

因为制作的是静态网页，在弹出的如图 6.3 所示的对话框中选择不使用服务器技术，然后单击"下一步"按钮。

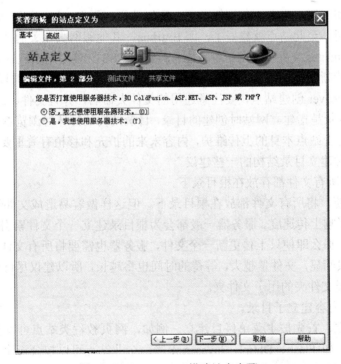

图 6.3 Dreamweaver 搭建站点步骤 2

弹出如图 6.4 所示的对话框，选择文件的存储位置，我们把所有的文件都存放于站点文件夹下，因此选取想存放站点的位置，然后单击"下一步"按钮。

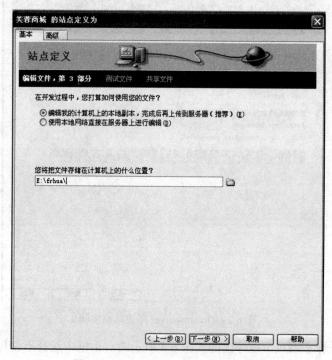

图 6.4　Dreamweaver 搭建站点步骤 3

如何连接到服务器，目前不使用服务器，所以选择"无"，单击"下一步"按钮，然后再单击"完成"按钮，至此站点就建好了，即 E:\frhua，其他跟网页相关的文件就存放在该目录下。再新建一个 images 文件夹，用于存放图片；新建 CSS 文件夹用于放置 CSS 文件，这样做是为了建立结构清晰的网站，然后建立一个文件 index.html 制作网站的首页。

使用 Dreamweaver 创建站点，要注意通用的文件夹命名，并且文件、文件夹命名要小写、有语义。网站的目录是指建立网站时创建的目录，目录结构的好坏对浏览者来说并没有什么太大的感觉，但是对于站点本身的上传维护，内容未来的扩充和移植有着重要的影响。下面是对于建立大型网站时建立目录结构的一些建议。

（1）不要将所有文件都存放在根目录下。

有时为了方便，将所有文件都放在根目录下。但这样做容易造成文件管理混乱，影响工作效率，另外也影响上传速度。服务器一般都会为根目录建立一个文件索引，当您将所有文件都放在根目录下，那么即使只上传更新一个文件，服务器也需要将所有文件再检索一遍，建立新的索引文件。很明显，文件量越大，等待的时间也将越长，所以建议尽可能减少根目录的文件存放数，能用子文件夹的用子文件夹。

（2）按栏目内容建立子目录。

子目录的建立，首先按主菜单栏目建立。例如，网页教程类站点可以根据技术类别分别建立相应的目录，如 Flash、Dhtml、Javascript 等；企业站点可以按公司简介、产品介绍、价格、在线定单、反馈联系等建立相应目录。像友情链接内容较多，需要经常更新的，可以建立独立的子目录。而一些相关性强，不需要经常更新的栏目，如关于本站、关于站长、站点经历等可以合并放在一个统一目录下，所有需要下载的内容也最好放在一个目录下，便于维护管理。

（3）在每个主目录下建立独立的 images 目录。

通常一个站点根目录下都有一个 images 目录，刚开始学习主页制作时，习惯将所有图片都存放在这个目录里。可是后来发现很不方便，当需要将某个主栏目打包，或者将某个栏目删除时，图片的管理相当麻烦。经过实践发现：为每个主栏目建立一个独立的 images 目录是最方便管理的，而根目录下的 images 目录只是用来放首页和一些次要栏目的图片。

（4）目录的层次不要太深，建议不要超过 3 层。原因很简单，维护管理方便。

其他需要注意的还有：①不要使用中文目录；网络无国界，使用中文目录可能对网址的正确显示造成困难；②不要使用过长的目录；尽管服务器支持长文件名，但是太长的目录名不便于记忆；③尽量使用意义明确的目录。

比如建立芙蓉商城这样的中小型网站，一般会创建如下的结构，比如可将图片放到/images/，CSS 文件归放到/css/目录，JS 存放 Javascript 等。

6.1.2　制作商城网站首页的总体布局

制作商城网站首页首先从制作总体布局开始，然后再细分到每一个块区，本例的页面分为上中下三部分，中间又分为左中右三部分。整个网页水平居中于浏览器，所以加上顶级容器，以便进行统一设置及整体加载，做外层应该使用水平居中的布局方式。用<div>标签分区，上中下三行使用 id 标识，左中右三列使用 class 标识。

```
<body>
    <div id="container">
        <div id="header"></div><!--顶部(header)结束-->
            <div id="main">
                <div class="leftcategory">左侧商品分类(category)</div>
                <div class="midcontent">中间内容(content)</div>
                <div class="rightsidebar">右侧(sidebar)内容</div>
            </div><!--主体(main)结束-->
        <div id="footer">底部(footer)</div><!--底部(footer)结束-->
    </div><!--整个容器(container)结束-->
</body>
```

在样式表中首先设置全局的属性，使用全局选择器设置内外边距为 0，整个网页的超链接为不带下划线；列表默认为不带列表符号，代码如下：

```
/*设置整个网页的通用默认样式*/
*{margin:0px;padding:0px;}
a{ text-decoration:none;}
ul{ list-style:none;}
```

根据美工人员绘制的效果图，我们使用图像处理工具量取各部分的宽高，首页需要一个自适应的高度，所以不需要给容器 container 的高度，container 宽度设置为 980px，水平居中。header、main、footer 的宽度和外层的 container 宽度一致：width:100%，并且左浮动；header高度由背景图片确定是 150px，添加背景图片，分别量取效果图得到 main 和 footer 的高度是400px 和 100px；其他各块采用背景标识，添加页面后，再取消各块的背景色。下面看 CSS 文件的样式代码及其浏览效果。

```
/*设置整个网页的通用默认样式*/
*{margin:0px;padding:0px;}
a{ text-decoration:none;}
ul{ list-style:none;}
/*设置 body 等通用默认样式*/
body{
font:16px "宋体";}
/*页面层容器 container，整个容器居中*/
#container{
    width:980px;
    margin:0px auto;
    }
/*设置头部、主体、脚部的高度以及背景色*/
    #header{
        width:100%;
        height:150px;/*图片高度 150*/
        background-repeat:no-repeat;
        background-position:-22px 0px;
        /*顶部的图片长 1024，而网页的宽 980px ，图片多出 44，
        若背景图片位置设置成-22，则图片有用的左边正好露出来，
        图片右边，因为 header 是 980*136，所以正好也有 22px 露不出来，
        满足了想要显示的这些部分的目标。*/
        }
    #main{width:100%;height:400px}
    .leftcategory,.midcontent,.rightsidebar{float:left;width:20%;height:100%}/*相同属性集体声明*/
    .leftcategory{background:#666;}
    .rightsidebar{background:blue;}
    .midcontent{width:60%;background:red}/*内容宽度覆盖掉*/
#footer{width:100%;height:100px;background:#ccc;}
```

效果如图 6.5 所示。

图 6.5　首页整体布局

下面说明一下 CSS 样式代码的三种应用方式，之前所学 CSS 样式代码几乎都是在同文件的 <head> 标签中加入 CSS 代码，这种应用方式叫内部样式表，但这并非是唯一方法。在 CSS 中，还有外部样式表和行内样式表的用法。下面简单介绍一下各种应用方式的优缺点及应用场景。

1. 内部样式表

这种方式方便在同页面中修改样式，但不利于在多页面间共享复用代码及维护，对内容与样式的分离也不够彻底。实际开发时，会在页面开发结束后将这些样式代码剪切至单独的 CSS 文件中，将样式和内容彻底分离开，即下面介绍的外部样式表。

2. 外部样式表

把 CSS 代码单独写在另外一个或多个 CSS 文件中，需要用时在 <head> 中通过 <link/> 标签引用，这种方式就是应用外部样式表文件的方式。它的好处是实现了样式和结构的彻底分离，同时方便网站的其他页面复用该样式，利于保持网站的统一样式和网站维护。其语法如下：

```
<link rel="stylesheet" type="text/css" href="css 文件地址">
```

如上面首页整体布局的示例。因为外部样式表文件方式的优点众多，因此被广泛应用，以后的示例中都将采用此方式。

3. 行内样式表

某些情况下，需要对特定某个标签进行单独设置，最直观的方式就是在标签的属性内直接设置。其用法是在所需修饰的标签内加 style 属性，后续为多条样式规则，多条样式规则用分号区分开，我们称这种方法为行内样式表。这种方法虽直观，但尽量少用或不用，因为内容与样式混写在一起，失去了 CSS 的最大优点。

对于样式的优先级也做一个简单的介绍，更多的内容请大家参考其他相关资料。前面曾提及 CSS 的全称为"层叠样式表"，因此，对于页面中的某个元素，它允许同时应用上述三类样式时，页面元素将同时继承这些样式，但样式之间如有冲突，应继承哪种样式？即存在样式优先级的问题。同理，从选择器角度，当某个元素同时应用标签选择器、ID 选择器、类选择器定义的样式时，也存在样式优先级的问题。优先级为：行内样式表>内部样式表>外部样式表，ID 选择器>类选择器>标签选择器。

行内样式表>内部样式表>外部样式表，即 CSS 中规定的优先级规则为"就近原则"。例如我们对"我到底是什么颜色"这个段落同时应用了外部样式表、内部样式表和行内样式表，这三类样式在字体颜色 color 定义规则有冲突，行内样式定义为红色，内部样式定义为绿色，外部样式定义为蓝色，因为行内样式距离被修饰对象 <p> 最近，所以最终的样式以行内样式定义的为准，即红色。

```
<html>
 <head>
<title>外部样式表，内部样式表和行内样式表的就近原则</title>
 <style type="text/css">
.nav ul li a:link{color:blue;}/*内部样式表*/
</style>
<link rel="stylesheet"href="css/layout.css"type="text/css"/>/*外部样式表*/
</head>
<body>
<p>我到底是什么颜色</p>
 </body>
</html>
```

下面再举例说明 ID 选择器、类选择器、标签选择器的优先问题，#ID > .class >标签选择器，所以下面应用的是#id3 选择器，呈现红色。

```
<html>
<head>
<title> ID 选择器，类选择器，标签选择器的优先级</title>
<style type="text/css">
    #id3 { color:#FF0000; }
    .class3{ color:#00FF00; }
    span{ color:#0000FF;}
</style>
</head>
<body>
  <p>我是什么<span id="id3" class="class3">颜色</span> </p>
</body>
</html>
```

6.1.3　实现顶部布局

顶部 header 分成 4 部分，在单元四的场景 3，我们已经做了分析，所以顶部整体布局不再赘述。顶部的组织结构的代码写入"<div id="header"></div>"中，如下：

```
<div id="header">
    <div class="logo">放置 logo 图片</div>
    <div class="up_right_menu">右上部的菜单</div>
    <div class="up_right_hello">欢迎光临芙蓉商城</div>
    <div class="nav">导航菜单</div>
</div><!--顶部(header)结束-->
```

测量效果图，或者查看图片确定各组织结构及宽高，一般情况可以用百分比设置宽度，确保父容器宽度改变时，其中元素按百分比变化。logo 的 width:269px 和 height:118px，设置左浮动；up_right_menu 的宽 width 为 header 的 47%，高 height:30px，内填充中上填充为 10px，设置右浮动；up_right_hello 在后续课程中可以做成跑马灯效果，所以宽度稍大为 70%，高 height:43px，它与菜单有一定间距设置 margin-top:20px，同时右浮动；nav 的宽 100%，高 height:30px，清除两侧的浮动元素 clear:both，效果如图 6.6 所示。样式代码如下：

图 6.6　芙蓉商城顶部布局

```
#header{
    width:100%;
    height:150px;/*图片高度 150*/
    background-image:url(../images/header_bg.jpg);
    background-repeat:no-repeat;
    background-position:-22px 0px;
    }
#header a{color:#000000; text-decoration:none;}
  #header a:hover{color:#FFFFFF;}
/*设置头部的 logo、右边菜单、右边欢迎词和下边的导航*/
            .logo{
            width:269px; height:118px;
            float:left;
            background-color:#006666;
            }
            .up_right_menu{
             width:47%;height:30px;
             float:right;
             background-color:#99FF00;
             padding:10px 0px px0 0px ;
             }
            .up_right_hello{
             width:70%; height:43px;
             float:right;
             background-color:#FF9999;
             margin-top:20px;}
            .nav{
             clear:both;
             width:100%; height:30px;
             background-color:#993300;
             }
```

其余部分的超链接设置如下，并且放在样式的总体样式中。

```
a{color:#000000; text-decoration:none;}
a:hover{color:#FF33CC;}
```

下面就具体实现每一块。首先组织结构中<div class="logo">放置 logo 图片</div>的文字替换成 logo 图片，样式中背景颜色去掉，也可以用背景图偏移技术把背景图的 logo 部分截取出来，实现以后，取消 logo 块背景色对应的代码。

接下来设置右上部的菜单，前面菜单已经做了多次，要利用 div-ul-li，因为虽然看上去为图文结构，但是图文之间不存在语义说明，不存在父子和包含关系，而是并列显示结构，宜采用 div-ul-li 实现。图标作为修饰，所以作为背景使用，而不是内容，图标和文字各占一个<li>，图标的<li>内容为空，这个都要从 header_sort_icon.jpg 图片中截取图标，为了代码复用，把共同特征调整到一个类 pic 中，此外注册和登录菜单项要在自己的区间水平居中。

```
<div class="up_right_menu">
    <ul>
    <li class="pic pic1"></li><li class="text"><a href="#">首页</a></li>
```

```
        <li class="pic pic2"></li><li class="text"><a href="#">购物车</a></li>
        <li class="pic pic3"></li><li class="text"><a href="#">联系我们</a></li>
        <li class="pic btn"><a href="#">注册</a></li>
        <li class="pic btn"><a href="#">登录</a></li>
        </ul>
    </div>
```

样式代码如下：

```
.up_right_menu{
  width:47%;height:30px;
  float:right; /*右浮动，才可以在右边显示*/
  /*background-color:#99FF00;*/
  padding:10px 0px 0px 0px ;
}
        .up_right_menu ul li{float:left;font:19px/28px 宋体;}
        .pic{width:26px;height:26px;
        background:url(../images/header_icon.png)    no-repeat;}
            .pic1{background-position:0px 0px;}
            .pic2{background-position:-26px 0px;}
            .pic3{background-position:-52px 0px;}
            /*btn 为注册\登录按钮  text 为菜单文本*/
            /*设置按钮（文本）10 像素间距*/
            .btn{width:72px; height:27px;
background-position:-79px -1px;text-align:center;}
```

对于超链接部分我们统一设置如下：

```
a{color:#000000; text-decoration:none;}
a:hover{color:#FFFFFF;}。
```

效果如图 6.7 所示。

图 6.7　芙蓉商城顶部完成 logo 和菜单项

然后设置欢迎词，目前暂且按照效果图将欢迎词设置成黑色、隶书、26px、水平居中。

最后设置 nav 导航菜单，导航菜单分成左右两部分，所以在这里把它分成两个块 nav_left 和 nav_right，它的左半部是按照关键字或者关键字和价格来进行搜索，要用到表单，具体组织代码如下：

```
<div class="nav">
<div class="nav_left">
    <form action="" method="post">
    关键字： <input name="name" type="text" size="20" />
    价格从<input name="name" type="text" size="5" />到<input name="name" type="text" size="5" />
    <input type="submit" name="button" value=" 搜    索 "/>
```

```
        </form>
</div><!--nav_left 结束-->
<div class="nav_right">
</div><!--nav_right 结束-->
</div> <!--nav 结束-->
```

样式代码如下：

`.nav .nav_left{ padding-left:20px; padding-top:7px;color:#FFFFFF; float:left;}`

导航条右半部分，之前在单元五的场景任务 1 中已经完成，组织结构代码如下：

```
<div class="nav_right">
<ul>
        <li><a href="#">护肤品 </a></li>
        <li><a href="#">饰  品</a></li>
        <li><a href="#">营养健康</a></li>
        <li><a href="#">女  装</a></li>
</ul>
</div><!--nav_right 结束-->
```

样式代码如下：

```
.nav .nav_right li {
width:121px;
float:left;
line-height:30px;
text-align:center;
font-weight:bold;
    }
```

整个 header 部分完成之后的效果如图 6.8 所示。

图 6.8　芙蓉商城顶部

6.1.4　实现左部商品分类

接下来就是页面左部的"商品分类"，相对与顶部而言，左侧的结构相对简单，leftcategory 重点在于对多行文本的布局能力。前面单元四的工作场景 1 已实现最基础的部分，这里主要介绍整体的实现思路。整个商品分类的实现组织结构仍然采用 div-ul-li 结构，由于类目的重要性，使用<h1>标签有利于搜索引擎优化；其次，各类的结构几乎完全一样，用 4 个<ul>来表示即可完成，因此，总体组织结构可以归纳如下，省略部分参考效果图的内容。

```
<div class="leftcategory">
    <ul class="cat_ul">
        <h1>护肤品</h1>
        <li class="leftcategory_li"><a href="#">卸妆</a></li>
        <li class="leftcategory_li"><a href="#">洁面</a></li>
```

```
            <li class="leftcategory_li"><a href="#">爽肤水</a></li>
            <li class="leftcategory_li"><a href="#">眼部护理</a></li>
            <li class="leftcategory_li"><a href="#">精华</a></li>
            <li class="leftcategory_li"><a href="#">面霜</a></li>
            <li class="leftcategory_li"><a href="#">面膜</a></li>
            <li class="leftcategory_li"><a href="#">防晒</a></li>
            <li class="leftcategory_li"><a href="#">唇部护理</a></li>
            <li class="leftcategory_li"><a href="#">乳液</a></li>
            <li class="leftcategory_li"><a href="#">沐浴露</a></li>
            <li class="leftcategory_li"><a href="#">洗发水</a></li>
            <li class="leftcategory_li"><a href="#">护发素</a></li>
            <li class="leftcategory_li"><a href="#">啫喱水</a></li>
            <li class="leftcategory_li"><a href="#">弹力素</a></li>
        </ul>
        <ul class="cat_ul">
            <h1>饰品</h1>
            ……
        </ul>
        <ul class="cat_ul">
            <h1>营养健康</h1>
            ……
        </ul>
        <ul class="cat_ul">
            <h1>女装</h1>
            ……
        </ul>
    </div><!--leftcategory 结束-->
```

之后进行样式设置，把 main 部分的高度取消，以背景图片本身高度来决定 main 的高度，添加 leftcategory 的背景图片，这个图片本身高 643、宽 203，在效果图中"分类部分"的文字距离图片上部大概 38px，距离左边 5px，右边 15px，这三个数值可以设置 leftcategory 的 padding 属性实现，因此 leftcategory 的 height 就设置成 605px，width 就设置成 183px。接下来确定标题行 h1 的行高 27px，每个无序列表所占高度是 120px，共 5 行，所以各行的行高 24px，每个无序列表所占的宽度是 183px，平均分成 3 列，每一列的宽度是 60px，就是每个 li 的宽度，因此所有的 leftcategory 的样式如下：

```
#main{width:100%;}
.leftcategory,.midcontent,.rightsidebar{float:left;height:100%;}
    /*设置主体 main 的左部商品分类*/
    .leftcategory{ background:url(../images/category.jpg) no-repeat;
height:605px; width:183px;padding:38px 5px 0px 15px;}
        .leftcategory h1{font:bold 14px 宋体;color:#ff7300;line-height:27px; }
        .leftcategory_li{width:60px;        float:left; font:12px/24px 宋体; color:#636362;}
```

为了其余部分能正常显示，左边分类占据了大概 20.7%的宽度，将 midcontent 的 width 设置成占据 59.3%，大概 581px，右边栏占据 20%，大概是 196px，底部 footerclear:both，效果如图 6.9 所示。

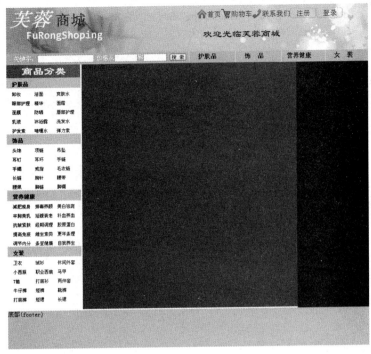

图 6.9 芙蓉商城首页左边分类

6.1.5 实现中部主题布局

中部局部布局分上下两块，上部是图片，下部是图文，下部的图文有解释说明的含义，而并非并列关系，所以应该使用 dl-dt-dd 结构。结构代码如下：

```
<div class="midcontent">
    <div class="midcontent_top"><img src="images/ad-04.jpg" alt="新优惠"/></div>
    <div class="midcontent_list">
        <dl>
            <dt><img src="images/jinghua1.jpg" alt="alt" /></dt>
            <dd><a href="#" >欧莱雅青春密码活颜精华肌底液 30ml</a></dd>
        </dl>
        <dl>
            <dt><img src="images/jinghua2.jpg" alt="alt" /></dt>
            <dd><a href="#">兰蔻水分缘舒缓精华液 10ml！</a></dd>
        </dl>
        <dl>
            <dt><img src="images/jinghua3.jpg" alt="alt" /></dt>
            <dd><a href="#">兰蔻美颜活肤液 30ml 人手必备小黑瓶!</a></dd>
        </dl>
        <dl>
            <dt><img src="images/jiemian1.jpg" alt="alt" /></dt>
            <dd><a href="#">欧珀莱均衡保湿系列-柔润洁面膏 125g!</a></dd>
        </dl>
        <dl>
```

```
        <dt><img src="images/jiemian2.jpg" alt="alt" /></dt>
        <dd><a href="#">OLAY 玉兰油美白保湿洁面膏 100g！</a></dd>
    </dl>
    <dl>
        <dt><img src="images/jiemian3.jpg" alt="alt" /></dt>
        <dd><a href="#">相宜本草四倍蚕丝凝白洁面膏 100g！</a></dd>
    </dl>
    <dl>
        <dt><img src="images/mianmo1.jpg" alt="alt" /></dt>
        <dd><a href="#">膜法世家樱桃睡眠免洗面膜 100g 补水去黄保湿美白！</a></dd>
    </dl>
    <dl>
        <dt><img src="images/mianmo2.jpg" alt="alt" /></dt>
        <dd><a href="#">膜法世家 1908 珍珠粉泥浆面膜 100g 美白控油防痘紧致!</a></dd>
    </dl>
    <dl>
        <dt><img src="images/mianmo3.jpg" alt="alt" /></dt>
        <dd><a href="#">美即海洋冰泉补水面膜 5 片装</a></dd>
    </dl>
</div><!--content_list 结束-->
</div><!--midcontent 结束-->
```

下面分析样式，上下方的宽度都为 524px。中部上方实际高度为 195px，其中容器高度为 190px，同时设置下方的内边距为 5px，上部元素总共占据空间就是 190+5=195px，作为和"天天疯狂"板块的空白间隙。下方实际高度为 440px，其中设置上方的内边距为 37px，作为背景标题和下方内容的空白间隙，下方容器标签<div>的高度设为 403px。所以部分样式为：

```
.midcontent,.midcontent_top,.midcontent_list{width:524px}/*图片的宽*/
    .midcontent_top{
        height:190px;/*图片的高*/
        padding-bottom:5px;
        }
    .midcontent_list{
                background:url(../images/crazy.png) no-repeat;
                height:403px;
                padding:37px 0px 0px 3px;
                }
```

然后设置 midcontent_list 的 dl、dt、dd，我们结合图来分析实现思路。从图中可看出：共三行，每行包括三个<dl>块，那么每个<dl>块宽 174px（524px/3），高 134px（403px/3）。在单元五已经实现过图文混排，因此具体分析从略，我们更多地关注具体实现，各<dl>块设置左浮动，并且设置容器<div>的子元素水平居中。各块中一图一文，图片高度不超过 91px，设置 line-height:91px 让图片垂直居中。文字两到三行，设置文字大小为 14px，因此行高不会超过 43px。设置图片有 1px 的灰色边框。

```
.midcontent,.midcontent_top,.midcontent_list{width:524px}/*图片的宽*/
.midcontent_top{
    height:190px;/*图片的高*/
```

```
                padding-bottom:5px;
        }
.midcontent_list{
                background:url(../images/crazy.png) no-repeat;
                height:403px;
                padding:37px 0px 0px 3px;
                text-align:center;/*设置容器<div>的子元素水平居中*/
                }
        .midcontent_list dl{
                float:left;
                width:174px;
                height:134px;
        }
            .midcontent_list dt{height:91px; line-height:91px;}
            .midcontent_list dd{height:45px; font-size:14px;}
            .midcontent_list dt img{
                width:106px;
                height:81px;
                vertical-align:middle;
                border:1px solid #ccc;
            }
```

效果如图 6.10 所示。

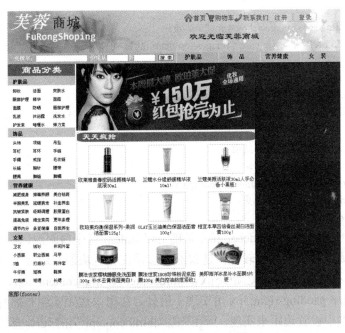

图 6.10　芙蓉商城首页中部实现

6.1.6　实现右部布局

main 部分的右部 rightsidebar 分成上、中、下三部分，分别以 rightsidebar_top、

rightsidebar_center、rightsidebar_foot 块命名。先看各部分的组织结构，上半部分很明显就是 dl-dt-dd 结构，中间部分也是 dl-dt-dd 结构，并且在前面单元五有过类似实现，下部是一张图片，实现更为简单，所以这三部分的组织结构代码如下：

```
<div class="rightsidebar">
<div class="rightsidebar_top">
    <dl>
        <dt><img src="images/sidebar_top.jpg"/><dt>
        <dd><a href="#">大米素肌匀色保湿</a></dd>
        <dd><a href="#">内含大米护肤精华和高能 Penetrant 深层护肤</a></dd>
        <dd><a href="#">减少油脂粒的产生提高皮肤亮度</a></dd>
        <dd><a href="#">售价：￥109 元 ...</a></dd>
    </dl>
</div><!--rightsidebar_top 结束-->
    <div class="rightsidebar_center">
        <dl>
        <dt><img src="images/show1.jpg" /></dt>
        <dd><a href="#" target="_top"><img src="images/top_icon.jpg" />已售出 988 件</a></dd>
        </dl>
        <dl>
        <dt><img src="images/show2.jpg" /></dt>
        <dd><a href="#" target="_top"><img src="images/top_icon.jpg" />已售出 735 件</a></dd>
        </dl>
        <dl>
        <dt><img src="images/show4.jpg" /></dt>
        <dd><a href="#"><img src="images/top_icon.jpg" />已售出 700 件</a></dd>
        </dl>
        <dl>
        <dt><img src="images/show5.jpg" /></dt>
        <dd><a href="#"><img src="images/top_icon.jpg" />已售出 657 件</a></dd>
        </dl>
    </div><!--rightsidebar_center 结束-->
    <div class="rightsidebar_foot">
        <img src="images/rightsidebar_foot.jpg"/>
    </div><!--rightsidebar_foot 结束-->
</div><!--rightsidebar 结束-->
```

接下来分析样式，整个 rightsidebar 和左边的 midcontent 有空白间隙，这个空隙是用 margin 还是 padding，在哪个区块实现比较好？建议的方法是在大区块的右边或下方来实现，所以就在 midcontent 的右边增加右内边距 5px。.midcontent、.midcontent_top、.midcontent_ list {width:524px}，增加 padding-right:5px 可实现。另外，在用内边距实现布局时，切记在内层标签如<ul>、<li>标签中设置边距来实现。应在外层如 midcontent 类的<div>标签中实现。这样既简洁又高效，而且利于扩展和修改。rightsidebar 的宽度是 245px，rightsidebar_top 宽度与父容器一样，总高度通过测量是 155px，这一块和中间 rightsidebar_center 有 5px 的间隔，所以遵循在上块中设置内填充的原则，我们设置上块的 padding-bottom 是 5px，这样 rightsidebar_top {height:150px; padding-bottom:5px;}，总高度就是 150+5=155px。对于上部 dt 中的图片设置其宽高和图片一致，加上一个边框。rightsidebar_center 的 padding-top 设置成 55px，其他的请参考单元五的工作场景 2。样式代码如下：

```
.rightsidebar{ width:245px;}
.rightsidebar_top{width:245px;height:150px; padding-bottom:5px;}
        .rightsidebar_top img{ width:103px; height:147px;
border:#666666 solid 1px;
}
        .rightsidebar_top dt{ float:left;}
        .rightsidebar_top dd{ line-height:18px; padding:3px 0px 0px 0px;}
.rightsidebar_center{
background-image:url(../images/本周排行榜 2.png);
                        background-repeat:no-repeat;
                        padding-top:55px;
                        }
.rightsidebar_center dl{ margin-left:15px;}
.rightsidebar_center dl dt{ float:left; margin-right:15px;}
.rightsidebar_center dl dd{ line-height:60px;}
.rightsidebar_center dl dt img{ border:1px solid #9ea0a2;/* 设置图片的外边框*/}
```

右部做好之后效果如图 6.11 所示。

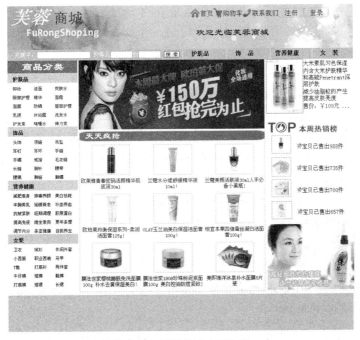

图 6.11　芙蓉商城右部实现

6.1.7　实现底部信息

顶部结构简单，组织结构如下：

```
<div id="footer">
        <p>友情连接:百度|Google|雅虎|淘宝|拍拍|易趣|京东商城|迅雷|新浪|网易|搜狐|猫扑|开心网|新华网|
```

凤凰网</p>

```
<hr />
<p>COPYRIGHT &copy; 2012-2013  芙蓉商城一直为女人做商城</p>
<p>Email:35616001@qq.com </p>
<p><img  src="images/img1.gif"/><img  src="images/img2.gif"/><img  src="images/img3.gif"/><img
src="images/img4.gif" />
</p>
</div><!--底部(footer)结束-->
```

样式代码如下：

```
#footer{
        width:100%;
        padding-top:5px;
        clear:both;/*把 main 的高度去掉，footer 就要设置*clear:both*/
        text-align:center;
    }
```

至此商城的首页已经制作完毕，这一项工作完成，其他分支页面相对简单一些。

6.2 制作商城分支页——注册页面

前面实现了芙蓉商城的首页，也是工作量最大的一个页面，现在将在上面的基础上，分别实现网站的其他页面，这一节要实现注册该页面。下面介绍整个页面的实现思路和方法，以此来掌握典型注册页面的制作。

首先在站点处右击，选择新建文件，命名为 register.html。首页完成之后，其他页面制作时就有章可循，注册页的顶部和底部可以复用首页的顶部和底部，所以其他页面实际工作量会小于首页。使用<iframe>实现首顶部和底部的复用，首先分离首页顶部为单独的页面文件，需要将顶部的相关代码分离出来，形成一个新的页面，保存为 header.html 即可，然后分离底部为单独的页面文件，底部与顶部类似，只是<body>之内的标签换成已经实现的底部代码，然后另存为 footer.html 文件即可。之后就可以使用<iframe>复用顶部和底部了。

分离的 header.html 和 footer. html，各自对应的代码如下：

①header.html 的代码：

```
<body>
  <div id="container">
  <div id="header">
      <div class="logo"><img alt="logo 图片" title="logo 图片" src="images/logo.jpg"/></div>
      <div class="up_right_menu">
        <ul>
          <li class="pic pic1"></li><li class="text"><a href="#">首页</a></li>
          <li class="pic pic2"></li><li class="text"><a href="#">购物车</a></li>
          <li class="pic pic3"></li><li class="text"><a href="#">联系我们</a></li>
          <li class="pic btn"><a href="#">注册</a></li>
          <li class="pic btn"><a href="#">登录</a></li>
        </ul>
      </div>
```

```
<div class="up_right_hello">欢迎光临芙蓉商城</div><!--这个块中不要空着，不然显示不出来-->
    <div class="nav">
        <div class="nav_left">
        <form action="" method="post">
            关键字：<input name="name" type="text" size="20" />
            价格从<input name="name" type="text" size="5" />到<input name="name" type="text" size="5" />
            <input type="submit" name="button" value=" 搜  索 "/>
            </form>
        </div><!--nav_left 结束-->
        <div class="nav_right">
        <ul>
            <li><a href="#">护肤品 </a></li>
            <li><a href="#">饰  品</a></li>
            <li><a href="#">营养健康</a></li>
            <li><a href="#">女  装</a></li>
        </ul>
        </div><!--nav_right 结束-->
    </div><!--nav 结束-->
    </div><!--顶部(header)结束-->
 </div><!--id="container"结束-->
</body>
```

②footer.html 的代码：

```
<body>
    <div id="container">
        <div id="footer">
        <p>友情连接:百度|Google|雅虎|淘宝|拍拍|易趣|京东商城|迅雷|新浪|网易|搜狐|猫扑|开心网|新
华网|凤凰网</p>
            <hr />
        <p>COPYRIGHT &copy; 2012-2013 芙蓉商城一直为女人做商城</p>
            <p>Email:35616001@qq.com </p>
            <p><img src="images/img1.gif"/><img src="images/img2.gif"/><img src="images/img3.gif"
/><img src="images/img4.gif" />
            </p>
        </div><!--底部(footer)结束-->
        </div><!--整个容器(container)结束-->
</body>
```

<iframe>内嵌框架的基本语法如下：

<iframe src="引用的页面地址" width="" height="" scrolling="是否显示滚动条" frameborder="边框
"></iframe>

src：为被嵌入网页的地址；scrolling：是否有滚动条，yes 有，no 无，auto 根据被显示
HTML 自动显示或隐藏；width：宽度；height：高度，高度、宽度可以为百分比，可以为具体
高宽数值，不需要跟单位。通常需要设置高度、宽度具体数值。

在网站 register.html 页面的顶部、底部位置，引用上述分离的 header.html 和 footer. html，
register.html 页面效果如图 6.12 所示，后续网站的其他页面将以此为网站模板，添加其他内容。

最初的 register.html 对应的代码：

```
<body>
    <ifame  id="header"  src="header.html"      width="980"  height="150"  frameborder="0"  scrolling="no">
</iframe>
    <div   id="main"></div><!--main 结束-->
    <ifame id="footer" src="footer.html" width="980" height="120"   frameborder="0" scrolling="no"></iframe>
    </body>
```

首先分析它的页面结构，页面结构简单，4 行 3 列的表格，左边提示文字在第一列，第二列是文本框、密码框以及图片按钮，第三列是协议部分，协议跨 4 行，如图 6.12 所示。

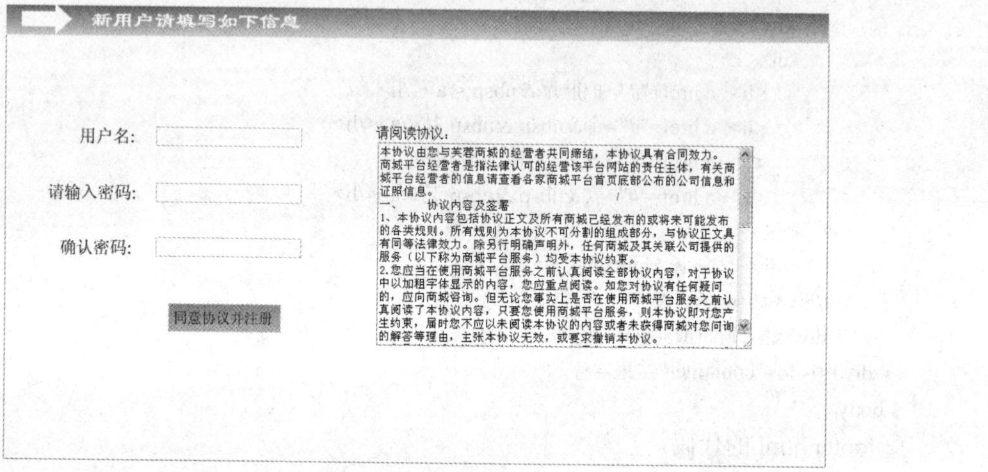

图 6.12　注册部分

对于样式修饰，首先表单背景修饰，显然，整个表单需要设置"注册"背景图，并设置上右下左的内边距作为填充，对应的 CSS 代码如下：

```
#register form{ padding:130px 85px 130px 50px;background:url(../images/注册页面.png) no-repeat;}
```

四行元素总高度是 260px，设置每一行的行高 tr 是 65px，内容所占的总宽度大概是 850px，各列的宽度可以设置成百分比形式，这里采用了具体值形式，第一列宽 120px，第二列宽 270px。然后看表单元素中的各类文本框都使用了细边框，因为它们对应的 HTML 标签都是<input>标签，所以可以设置注册页面中所有的 input 标签的通用样式为 input{ width:175px; height:22px; border:1px #333 solid;}，比较特殊的就是图片按钮，将它设置成这种样式 b0{border:0px; width:auto; height:auto;}。对于协议部分，设置细边框#register .reg textarea{ border:1px solid #ccc;}，第一列的文字采用右对齐的方式。所以整个注册页面的 CSS 代码如下：

```
/*下面是注册页的样式*/
#register form{ padding:130px 85px 130px 50px;background:url(../images/注册页面.png)  no-repeat;}
#register input{ width:175px; height:22px; border:1px #333 solid;}
#register .reg tr{ height:65px;}
#register .reg textarea{ border:1px solid #ccc;}
#register .reg .a_r{ text-align:right;}
#register .reg .w120{width:120px;}
#register .reg .w270{ width:270px;}
#register .reg .b0{ border:0px; width:auto; height:auto;}
```

register.html 的代码如下：

```
<body>
```

```
<div　id="container">
<iframe　id="header"　src="header.html"　　width="980"　height="150"　frameborder="0"　scrolling="no">
</iframe>
<div id="register">
<form action="register_success.html" method="post">
<table class="reg" cellpadding="0px" cellspacing="0px">
<tr>
    <td class="a_r w120">用户名：</td>
    <td class="w270"><input name="username" type="text" size="18" /></td>
    <td rowspan="4">请阅读协议：</br>
    <textarea name="xieyi" cols="50" rows="15" readonly="readonly">本协议由您与芙蓉商城的经营者
共同缔结，本协议具有合同效力。......
    </textarea>
    </td>
</tr>
<tr>
    <td class="a_r w120">请输入密码：</td>
    <td class="w270"><input name="pwd" type="password" size="18"/></td>
</tr>
<tr>
    <td class="a_r w120">确认密码：</td>
    <td class="w270"><input name="rpwd" type="password" size="18"/></td>
</tr>
<tr>
<td></td>
<td class="w270"><input　　class="b0" type="image" name="submit" src="images/agree1.png"/></td>
</tr>
</table>
</form>
</div><!--register 结束-->
<iframe id="footer" src="footer.html" width="980" height="120"　frameborder="0" scrolling="no"></iframe>
</div><!--container 结束-->
</body>
</html>
```

效果如图 6.13 所示。

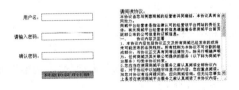

图 6.13　注册页面

6.3   制作商城分支页——登录页面

登录页面和注册页面有很多相似之处，因此这里简单介绍。首先分析它的页面结构，4 行 3 列的表格，第一列是一张图片，跨四行，第二列是提示文字，右对齐，第三列是文本框、密码框以及图片按钮，其中图片按钮在第三列居中对齐，如图 6.14 所示。

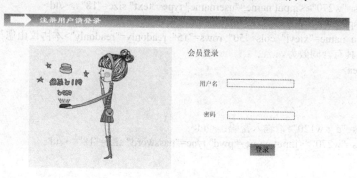

图 6.14　登录部分

对于样式修饰，首先表单背景修饰，显然，整个表单需要设置"登录"背景图，并设置上右下左的内边距作为填充，对应的 CSS 代码如下：

```
#login form
{ padding:75px 100px 40px 65px;
background:url(../images/login_bg.png)    no-repeat;
}。
```

四行元素总高度是 300px，设置每一行的行高 tr 是 75px，第二列宽 120px，第三列 200px，其中第三列第四行居中对齐。与注册页面类似使用了细边框，所以可以设置页面中所有的 input 标签的通用样式为 input{ width:175px; height:22px; border:1px #333 solid;}，比较特殊的就是图片按钮，将它设置成这种样式 b0{border:0px; width:auto; height:auto;}，因此登录页面的完整代码如下：

```
<body>
<div id="container">
    <iframe id="header" src="header.html" width="980" height="150" frameborder="0" scrolling="no">
</iframe>
    <div id="login">
<form action="login_success.html" method="post">
<table class="login" cellpadding="0px" cellspacing="0px">
<tr>
    <td rowspan="4" ><img src="images/login_left.png" alt="注册左边图片" title="注册左边图片"/></td>
    <td class="a_r w120">会员登录</td>
    <td ></td>
</tr>
<tr>
    <td class="a_r w120">用户名</td>
    <td class="a_r w200"><input name="username" type="text" size="18" /></td>
```

```
</tr>
<tr>
    <td class="a_r w120">密码</td>
    <td class="a_r w200"><input name="rpwd" type="password" size="18"/></td>
</tr>
<tr>
<td></td>
    <td class="center"><input class="b0" type="image" name="submit"
    src="images/login_button.png"/>
</td>
</tr>
</table>
</form>
</div><!--login 结束-->
    <iframe id="footer" src="footer.html" width="980" height="120"
    frameborder="0" scrolling="no">
</iframe>
</div><!--container 结束-->
</body>
```

下面是登录页的样式代码：

```
#login form{ padding:75px 100px 40px 65px;
background:url(../images/login_bg.png)    no-repeat;}
#login input{ width:175px; height:22px; border:1px #333 solid;}
#login .login tr{ height:75px;}
#login .login .a_r{ text-align:right;}
#login .login .w120{width:120px;}
#login .login .w200{width:200px;}
#login .login .center{ text-align:center;}
#login .login .b0{ border:0px; width:auto; height:auto;}
```

效果如图 6.15 所示。

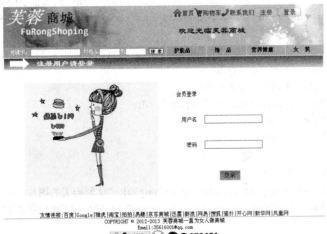

图 6.15　登录页面

6.4   制作商城分支页——商品具体介绍页面

注册页和登录页制作完成之后，下面来制作商品的具体介绍页。根据美工人员提供的效果图（图 6.16），进行如下分析和设计。

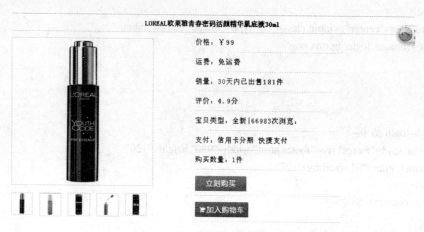

图 6.16   商品具体介绍部分

首先页面布局分析，整体采用 div-ul-li 结构，左侧大图和小图都放在 li 中，分成两类，来实现不同类的设置，右侧采用<ul>结构，并且<ul>块的内容均用<li>实现，其组织结构如下：

```
<div id="goodsdetails">
<h1>LOREAL 欧莱雅青春密码活颜精华肌底液 30ml</h1>
<ul class="leftbar">
        <li class="bigimg"><img src="images/loreal_big.png" alt="欧莱雅大图"/></li>
        <li class="smallimg"><img src="images/loreal_small1.png"  alt="欧莱雅小图 1"/></li>
        <li class="smallimg"><img src="images/loreal_small1.png"  alt="欧莱雅小图 2"/></li>
        <li class="smallimg"><img src="images/loreal_small1.png"  alt="欧莱雅小图 3"/></li>
        <li class="smallimg"><img src="images/loreal_small1.png"  alt="欧莱雅小图 4"/></li>
        <li class="smallimg"><img src="images/loreal_small1.png"  alt="欧莱雅小图 5"/></li>
</ul>
<ul class="rightbar">
        <li>价格：<span>￥99</span></li>
        <li>运费：<span>免运费</span></li>
        <li>销量：30 天内已出售<span>181</span>件</li>
        <li>评价：<span>4.9 分</span></li>
        <li>宝贝类型：全新|66983 次浏览：</li>
        <li>支付：信用卡分期 快捷支付</li>
        <li>购买数量：1 件</li>
        <li class="buynow"><img src="images/buynow.png" alt="立刻购买的图片" /></li>
        <li class="addtocart"><img src="images/addtocar.png" alt="加入购物车的图片" /></li>
</ul>
</div><!--goodsdetails 结束-->
```

下面来看 CSS 样式的实现，标题部分设置字体大小 14px，行高 40px，粗体，居中对齐，并有 1px 灰色实线底边框。#goodsdetails h1{ width:100%; height:40px; border-bottom:1px solid #ddd; font:bold 16px/40px "宋体"; text-align:center}；标题下面的左右两侧<ul>均设置左浮动，左列部分.leftbar{float:left; width:350px; padding-right:100px;}，右列部分.rightbar{ float:left; width:350px;letter-spacing:2px;line-height:45px;}；对于左侧大图 li 设置 padding:15px 0px;，大图图片设置 border:1px #ddd solid;，对于左侧小图 li 设置 float:left; width:70px，小图片设置相应边框 border:1px #ddd solid；下面看右列部分，所有的 li 都有 1px 的虚线边框，border-bottom:1px #ddd dashed，除此之外，"立刻购买"和"加入购物车"两个 li 的高度是 60px，并且使其中内容垂直居中 height:60px;line-height:60px，图片按钮垂直居中 padding:5px 0px;vertical-align:middle；之后别忘了设置 span 的样式 color:#FF0000; font-weight:bold，所有的 CSS 代码如下：

```
/*下面是商品细节页面的样式*/
#goodsdetails { width:100%;}
#goodsdetails h1{ width:100%; height:40px; border-bottom:1px solid #ddd; font:bold 16px/40px "宋体"; text-align:center}
/*左侧大小图样式*/
.leftbar{float:left; width:350px; padding-right:100px;}
.leftbar .bigimg{padding:15px 0px;}
.leftbar .bigimg img{border:1px #ddd solid;}
.leftbar .smallimg{float:left; width:70px;}
.leftbar .smallimg img{ border:1px #ddd solid;}
/*右侧文字信息样式*/
.rightbar{    float:left; width:350px;letter-spacing:2px;line-height:45px;}
.rightbar li{border-bottom:1px #ddd dashed;}
.rightbar .buynow, .addtocart{height:60px;line-height:60px;}
.rightbar .buynow img, .addtocart img{padding:5px 0px; vertical-align:middle;}
.rightbar li span{color:#FF0000; font-weight:bold;}
```

效果如图 6-17 所示。

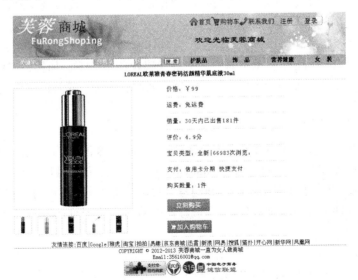

图 6.17　商品具体介绍页面

按照"LOREAL 欧莱雅青春密码活颜精华肌底液"商品具体介绍，将其他商品的具体介绍页制作完整。

6.5 建立页面之间的链接和进行兼容测试

按照商品的具体介绍，可以制作其他商品的介绍页面，另外其他的页面具体分析和制作方法与前面页面类似，因此不在此处一一陈述，下面将介绍如何建立页面间的链接以及网站的兼容性测试。

6.5.1 建立页面间的链接

一个网站包含多个页面，多个页面间需要通过链接实现网站的导航，方便浏览者访问，创建页面间的链接包括两个方面：一是分析页面间的链接关系，二是建立链接并测试链接是否可用，因为浏览者最讨厌无任何内容的"空链接"。

以首页建立页面间链接为例，直观表达这个过程。在首页里中部的商品链接到各自相应的商品具体介绍页 goodsdetails，首页右边栏的本周热销榜，同样也是链接到各自相应的商品具体介绍页 goodsdetails。一个完整的网站要求要把之前遗漏的超链接部分的 HTML 代码补充完整，并且建立完链接后，要点击每个超链接，进行超链接检测与修正，看有没有无效链接，以及从用户角度考虑，链接名与链接内容是否良好对应，链接关系是否显而易见，方便用户使用。

分析页面间的链接关系，根据需求分析结果，商城网站页面间的链接关系页面 header.html 和页面 footer.html 由于是<iframe>的引用页面，所以 target 必须置_top 或_blank，即在整个页面窗口或新建窗口中打开。

6.5.2 网页的兼容性测试

为了确保所有用户看到的页面内容和效果相同或者尽量一致，网站制作完后，一般都要要求对目前主流的浏览器 IE 和 Firefox 进行测试，并根据测试结果修订页面。如果按照 Web 标准来写，兼容问题会少一些，关于兼容性没有具体的规范，遇见问题随时解决。建议大家写代码的时候，打开 IE 和 Firefox 浏览器，写一段代码就预览一下，如果发现问题就随时解决，这样可以避免在一个浏览器显示正常，另一个浏览器面目全非。下面详细介绍一下验证是否符合 W3C 标准的几种方法。

1. 通过网站进行验证

如能上网，http://jigsaw.w3.org/css-validator用于验证 CSS 源代码，能够标注出不好的 CSS 代码设计。http://www.htmlhelp.com/tools/validator是一个很好的工具，能找出网站语法错误的地方，并标注出来，也可选择对网站上单独的每一页进行单页分析，还可以将网址发送到 W3C 的官方验证网站（http://validator.w3.org），进行在线验证。根据页面提示进行相应操作即可，这里不再详细介绍。

2. 使用 Dreamweaver 测试是否符合 W3C 标准

（1）单页测试：打开商城网站的某个网页，一次点击"文件"→"检页"→"验证标记"，如果有问题即会在底部验证里出现提示。

（2）整站测试：在"文件"选项卡选中"站点-芙蓉商城网站"，然后依次点击下方属性窗口中的"验证"标签→绿色三角箭头→"验证整个当前本地站点"，稍后即会在右侧窗口出现提示。

3. 用 Firefox 插件进行兼容性检测

先安装 Firefox 3.5，然后从网上下载 Firefox 的两个插件：W3C 验证插件和 Firebug 脚本调试插件，然后选择使用 Firefox 打开进行安装（注意不能采用传统的双击打开进行安装）。安装完后，打开某个 HTML 文件，在页面中右击，选择"查看源代码"，将出现代码不规范的提示，它能帮助我们迅速定位可能出现兼容问题的地方。一般来说，错误标识的问题必须修改，警告标识的问题需要根据具体问题而定，不需要全部修订。

如何解决浏览器的兼容问题？同一个网页，在不同浏览器中的显示不一样。究其原因，是因为不同浏览器对同一网页代码的解释不同。特别是 CSS 样式方面。例如，页面内容和浏览器窗口的空白间距，每类浏览器的默认值不一致。再如，对于盒子模型 margin 外边距等属性的设置。Firefox 和 IE 浏览器的解释不一致，相差 2px。因此，为了浏览器显示同一效果，解决的办法是针对各类浏览器存在的 bug 编写相应的 CSS 样式代码，让浏览器只解释自己能"识别"的样式代码，这些演示代码也称为 CSS hack，即解决浏览器兼容性问题的"小窍门"。相对而言，各类主流浏览器中，Firefox 对 W3C 相关规范的支持最好，有"标准浏览器"之称。其次是 IE 8.0，最容易出现兼容性问题的是 IE 6.0，IE 6.0 以下的过时版本用户很少使用，一般不用考虑。由于篇幅所限，这里只提示了常见的兼容性问题，在网站的实际开发中还需反复实践，通过查阅网上资料积累更多的解决方法。

参考文献

[1]　朱印宏．DIV+CSS 网站布局从入门到精通．北京：石油工业出版社，2011.

[2]　朱印宏．DIV+CSS 网页样式与布局实录．北京：希望电子出版社，2012.

[3]　北京阿博泰克北大青鸟信息技术有限公司．使用 HTML 语言和 CSS 开发商业站点．北京：科学技术文献出版社，2011.

[4]　喻浩．CSS+DIV 网页样式与布局从入门到精通．北京：清华大学出版社，2012.